Der
Bau- und Maurermeister
in der Praxis

Ein Hilfs- und Nachschlagebuch für den täglichen Gebrauch

Von

Architekt Edmund Schönauer
Stadtbaumeister

Zweite
vollständig umgearbeitete und wesentlich erweiterte Auflage

Mit 21 Abbildungen im Text

I. Teil: Tabellen

Springer-Verlag Wien GmbH 1927

ISBN 978-3-7091-2344-7   ISBN 978-3-7091-2362-1 (eBook)
DOI 10.1007/978-3-7091-2362-1

Vorwort zur zweiten Auflage

Richtige Kalkulation und rasche Aufstellung von Angeboten sind heute mehr denn je die Grundlagen eines rentablen Betriebes Von diesen Gesichtspunkten geht das vorliegende Taschenbuch aus. Es bietet seinen Besitzern eine Handhabe, sich in kürzester Zeit über die technischen Voraussetzungen jedes Bauentwurfes bezw. jeder Baureparatur, ferner über die Mengen und die Verwendung aller Baumaterialien und den Aufwand an Arbeitskräften klare zahlenmäßig umrissene Vorstellungen zu bilden. Das Buch vereinigt daher die beiden Anforderungen, die an jeden Angehörigen des Baugewerbes herantreten, Techniker und rechnender Kaufmann zugleich zu sein. Auch schützt es seine Benutzer in zweifacher Weise, indem es einerseits Fehlerquellen ausschließt, anderseits durch die von vornherein gegebene Gleichheit der Rechnungsgrundlagen preisregelnd auf das Baugewerbe wirkt.

Die im II. Teil veroffentlichten Analysen stützen sich auf gereifte praktische Erfahrungen und auf eine umfangreiche Literatur, doch wird es sich empfehlen, die Zeitangaben den ortsüblichen Arbeitsverhältnissen stets anzupassen. Die Tabellen (I. Teil) sind in der bereits notwendig gewordenen vorliegenden Neuauflage auf den neuesten Stand gebracht und ergänzt worden.

Besonders wird darauf aufmerksam gemacht, daß die Ansätze in der Reihenfolge eines Kostenvoranschlages (Taylor-System) angesetzt wurden.

Für Ergänzungen und Berechnungen wurden am Schluß des I. Teils einige freie Blätter beigegeben.

Wien, im Jänner 1927

Baumeister Edmund Schönauer

Alle Rechte, insbesondere das der Übersetzung in fremde Sprachen, vorbehalten

Zinseszins- und Rentenrechnung

Endwert des Kapitals nach n Jahren:

$A =$ Anlagekapital
$p =$ Zinsfuß
$k = 1 + \dfrac{p}{100}$

$$K = A\,k^n$$

$A =$ Anlagekapital
$\pm b =$ Zuwachs bzw. Abnahme des Kapitals am Ende jedes Jahres, nebst Zins und Zinzeszins

$$K = A\,k^n \pm b\,\frac{k^n - 1}{k - 1}$$

$b =$ am Anfange eines jeden Jahres auf Zins und Zinseszins zuruckgelegte Summe

$$K = b\,k\,\frac{k^n - 1}{k - 1}$$

$R =$ jährliche Rente auf n Jahre
$A =$ Ankaufspreis

$$A = R\,\frac{k^n - 1}{k^n\,(k - 1)}$$

Von 100 Schilling betragen die Zinseszinsen:

Jahr	2% S	2½% S	3% S	3½% S	4% S	4½% S	5% S	6% S	Jahr
½	1·—	1·25	1·50	1·75	2·—	2·25	2 50	3·—	½
1	2 01	2·52	3·02	3 53	4·42	4·55	5·06	6·09	1
1½	3·03	3·80	4·57	5·34	6·12	6 90	7·69	9·27	1½
2	4·06	5·09	6 14	7·19	8·24	9·31	10 38	12 55	2
2½	5 10	6 41	7·73	9·06	10 41	11·77	13 14	15 93	2½
3	6·14	7·74	9·34	10·97	12·62	14 28	15·97	19 41	3
3½	7·21	9·09	10·98	12·91	14 87	16·85	18 87	22 99	3½
4	8·29	10·45	12·65	14·89	17·17	19·48	21 84	26 68	4
4½	9·37	11·83	14·34	16·90	19·51	22·17	24 89	30·48	4½
5	10·46	13·23	16·05	18·94	21·90	24·92	28·01	34 39	5
5½	11·57	14·64	17·79	21·03	24·34	27·73	31·21	38 42	5½
6	12 68	16·08	19 56	23·14	26·82	30·60	34·49	42 58	6
6½	13 81	17·53	21·36	25·30	29·36	33·54	37 85	46 85	6½
7	14·95	19·—	23·18	27·39	31·95	36 55	41·30	51·26	7
7½	16 10	20·48	25·02	29·72	34·59	39·62	44·83	55·80	7½
8	17·26	21·99	26·90	31·99	37 28	42·76	48·45	60·47	8
8½	18·43	23·51	28 80	34·30	40 02	45·97	52·16	65·28	8½
9	19·61	25·06	30 73	36·65	42·82	49·26	55·97	70·24	9
9½	20·84	26·62	32·70	39·04	45·68	52·62	59·87	75·34	9½
10	22 02	28·20	34·69	41·48	48·59	56·05	63·86	80·61	10
10½	23·24	29·81	36 71	43·95	51·57	59·56	67·96	86·03	10½
11	24 47	31·43	38 76	46·47	54·60	63·15	72·16	91 61	11
11½	25·72	33·07	40·84	49·03	57·69	66·82	76 46	97 36	11½
12	26·97	34 74	42·95	51·64	60 84	70·58	80·87	103·28	12
12½	28·24	36·42	45·09	54·30	64·06	74·41	85·39	109·38	12½
13	29·53	38·13	47·27	57·—	67·84	78·34	90·03	115 66	13
13½	30 82	39·85	49·48	59·75	70·69	82·35	94·78	122·13	13½
14	32·13	41·60	51·72	62·54	74·10	86·45	99 65	128·79	14
14½	33·45	43·37	54·—	65·39	77·58	90·65	104·64	135·66	14½
15	34·78	45·16	56 31	68·28	81·14	94·94	109·76	142·73	15
15½	36·13	46 98	58·65	71·22	84·76	99·33	115·—	150 01	15½
16	37·49	48·81	61·06	74·22	88·45	103·31	120·38	157·51	16
16½	38·87	50·67	63·45	77·27	92·22	108·40	125·89	165·23	16½
17	40·26	52·56	65·90	80·37	96 06	113·08	141·53	173·19	17
17½	41·66	54·46	68·39	83·53	99·99	117·88	137·32	181·39	17½
18	43 08	56·39	70·91	88·74	103·99	122 78	143 25	189·83	18
18½	44·51	58·35	73 48	90·01	108·07	127·79	149·33	198·52	18½
19	45 95	60·33	76 08	93·33	112 23	132·92	155 47	207·48	19
19½	47·41	62·33	78 72	96·72	116·47	138·16	161·96	216·70	19½
20	48·88	64·36	81·40	100·16	120·80	143·52	168·51	226 20	20

| Jahr | 2% S | 2½% S | 3% S | 3½% S | 4% S | 4½% S | 5% S | 6% S | Jahr |

Perzentdivisor

(1 Jahr mit 360 Tagen gerechnet)

Das Kapital ist mit der Anzahl der Tage zu multiplizieren, und nachher mit dem entsprechenden Perzentdivisor zu dividieren.

Zum Beispiel: wieviel betragen die Perzente von einem Kapital per 5892 S zu $4^0/_0$ auf 150 Tage?

$$\frac{5892 \times 150}{9000} = 98{\cdot}20 \text{ S}$$

%	Divisor	%	Divisor	%	Divisor
$^1/_8$	288.000	$2^3/_4$	13.092	$6^1/_4$	5.760
$^1/_4$	144.000	3	12.000	$6^1/_2$	5.538
$^3/_8$	96.000	$3^1/_8$	11.520	$6^3/_4$	5.333
$^1/_2$	72.000	$3^1/_4$	11.077	7	5.143
$^5/_8$	57.600	$3^1/_2$	10.286	$7^1/_2$	4.800
$^3/_4$	48.000	$3^3/_4$	9.600	8	4.560
$^7/_8$	41.142	4	9.000	$8^1/_2$	4.235
1	36.000	$4^1/_8$	8.727	9	4.000
$1^1/_8$	32.000	$4^1/_4$	8.470	$9^1/_2$	3.789
$1^1/_4$	28.800	$4^1/_2$	8.000	10	3.600
$1^1/_2$	24.000	$4^3/_4$	7.579	11	3.270
$1^3/_4$	20.571	5	7.200	12	3.000
2	18.000	$5^1/_4$	6.857	13	2.769
$2^1/_8$	16.942	$5^1/_2$	6.545	14	2.571
$2^1/_4$	16.000	$5^3/_4$	6.271	15	1.400
$2^1/_2$	14.400	6	6.000		

Flächeninhalt

1.

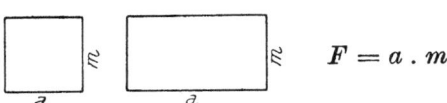

$F = a \cdot m$

2.

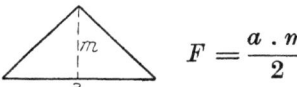

$F = \dfrac{a \cdot m}{2}$

3.

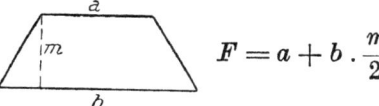

$F = a + b \cdot \dfrac{m}{2}$

4.

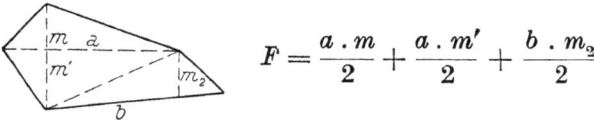

$F = \dfrac{a \cdot m}{2} + \dfrac{a \cdot m'}{2} + \dfrac{b \cdot m_2}{2}$

5. Kreis; Radius $= r$ Umriß $= 2 \cdot r \cdot \pi$
   Fläche $= r^2 \cdot \pi$

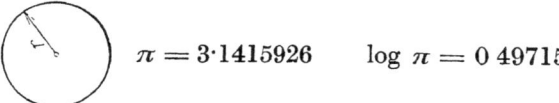

$\pi = 3 \cdot 1415926$ $\log \pi = 0\ 49715$

— 5 —

6.

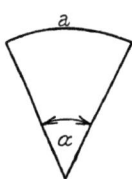

Länge des Bogens $a = r \cdot \pi \cdot \dfrac{a}{180^0}$

Fläche $= r^2 \pi \cdot \dfrac{a}{360^0}$

7.

Fläche $= \dfrac{r^2}{2}\left(\dfrac{\alpha}{180} \cdot \pi - \sin \alpha\right)$

8. Ellipse

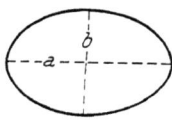

Umriß $= \pi \, (a + b) \cdot \Sigma$ Wert, wenn $\dfrac{a-b}{a+b} =$

= 0	0·1	0·2	0·3	0·4	0·5	0·6	0·8	1·00
$\Sigma=$1·0000	1·0035	1·0100	1·0226	1·0404	1·0635	1·0922	1·1077	1·2732

9. Radius vom umschriebenen Kreis des Vieleckes

$$R = \dfrac{a}{2 \sin \dfrac{180^0}{n}}$$

10. Radius vom eingeschriebenen Kreis des Vieleckes

$$R = \dfrac{a}{2} \operatorname{ctg} \dfrac{180}{n}$$

11. Fläche des Vieleckes $= F = n \dfrac{a^2}{4} \operatorname{ctg} \dfrac{180}{n}$

Kubikinhalt

1.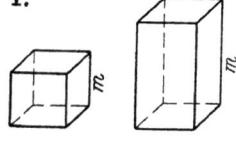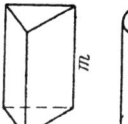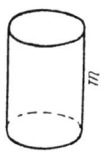

$F = $ Grundfläche
$m = $ Höhe
$m^3 = F \cdot m$

2.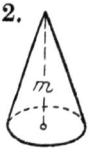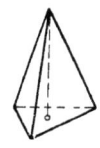

$m^3 = {}^1/_3 m \cdot F$

3.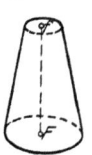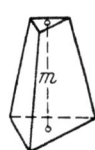

$m^3 = \dfrac{F + f}{2} \cdot m$

4.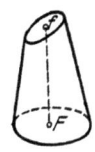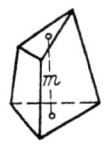

$m^3 = {}^1/_3 \cdot m \left(F + f + \sqrt{F \cdot f}\right)$

5. Kugeloberfläche

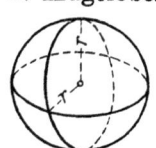

$F = 4\,r^2 \cdot \pi$
$m^3 = \dfrac{4}{3} r^3 \cdot \pi$

6. Kubikinhalt eines Fasses

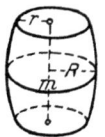

$m^3 = \dfrac{\pi \cdot m}{15}(8\,R^2 + 4\,R \cdot r + 3\,r^2)$

Maße

1. Metermaße (seit 1876 öffentlich eingeführt)

a) Langenmaße:

1 Myriameter	=	10 000	Meter
1 Kilometer	=	1 000	,, = 1 km
1 Hektometer	=	100	,,
1 Dekameter	=	10	,,
Einheit-Meter	=	1	,,
1 Dezimeter	=	0·1	,,
1 Zentimeter	=	0·01	,, = cm
1 Millimeter	=	0·001	,, = mm

b) Flachenmaße:

Quadratmeter = m^2	Quadratzentimeter = cm^2
Quadratkilometer = km^2	Quadratmillimeter = mm^2
1 Ar (a) = 100 m^2	
1 Hektar (ha) = 100 a = 10 000 m^2	

c) Hohlmaße (oder Kubikmaße)

Kubikmeter = m^3
Kubikzentimeter = cm^3
Kubikmillimeter = mm^3
1 Liter (l) = 1 dm^3
1 Hektoliter (hl) = 100 l = 0,1 m^3
1 m^3 = 1000 l

2. Alte Wiener Maße

1 Klafter (°) = 6 Schuh (') = 72 Zoll (") = 1·896 484 m
1 Schuh (') = 0·316 081 m; 1 Zoll (") = 2·634 01 cm
1 österr. Postmeile = 4000 Klafter = 7·585 935 Kilometer
1 geographische Meile = 7·4204 Kilometer
1 Quadratklafter = 3·596 652 m^2; 1 Quadratschuh =
= 0 099 907 m^2 = annahernd 1000 cm^2
1 Joch = 1600 Quadratklafter = 57·546 42 a = 0·575 464 2 ha
1 Kubikklafter = 6·820 992 m^3; 1 Kubikschuh = 0·031 578 67 m^3

Klaftermaße zu **Metermaßen** umgerechnet sind genügend genau, wenn **19 Schuh** als **6 m** angenommen werden.

Umrechnungstabellen

von Linie auf mm und m

Linie	1	2	3	4	5	6
mm	2·20	4·39	6·59	8·78	10 98	13·17
m	0·002	0·004	0·007	0·009	0 011	0·013

Linie	7	8	9	10	11	12
mm	15·37	17·56	19·76	21·96	24·14	26·34
m	0·015	0·018	0 020	0 022	0·024	0 026

von Zoll auf cm und m′

Zoll	1″	2″	3″	4″	5″	6″
cm	2·63	5 27	7·90	10·54	13 17	15·81
m	0·026	0·053	0 079	0·105	0 132	0·158

Zoll	7″	8″	9″	10″	11″	12″
cm	18·44	21·08	23·71	26·34	28·97	31·62
m	0·184	0 211	0 237	0·263	0·29	0·316

von Schuh und Klafter auf m′

Klafter	0°	1°	2°	3°	4°	5°	6°	7°	8°	9°	10°
0′	—	1·896	3·793	5 689	7 586	9·482	11·379	13·275	15·172	17·068	18·965
1′	0·316	2·213	4·109	6 006	7·902	9·799	11·695	13·591	15·488	17·384	19·281
2′	0 632	2·529	4 425	6 322	8 218	10·115	12·011	13·908	15·804	17·701	19 597
3′	0 948	2 845	4·741	6·638	8·534	10·431	12·327	14·224	16·120	18·017	19 923
4′	1 264	3 161	5 071	6·954	8·850	10·747	12·643	14·540	16 436	18·333	20 209
5′	1 580	3·474	5 373	7·270	9·166	11·063	12·959	14·856	16·752	18·690	20·545
6′	1 896	3·793	5·689	7 586	9 482	11·379	13·275	15·172	17·068	18·965	20·861

von Zehntelklafter auf m′

Klafter	0°	1°	2°	3°	4°	5°	6°	7°	8°	9°	10°
0	—	1·896	3·793	5·689	7·586	9·482	11·379	13·275	15·172	17·068	18·965
0·1°	0·190	2·086	3·983	5·879	7·776	9·672	11·569	13·465	15·362	17·258	19·155
0·2°	0·379	2·275	4·172	6·068	7·975	9·861	11·758	13·654	15·551	17·447	19·344
0·3°	0·569	2·465	4·362	6·258	8·155	10·051	11·938	13·844	15·741	17·637	19·534
0·4°	0·759	2·655	4·552	6·448	8·345	10·241	12·138	14·034	15·931	17·827	19·724
0·5°	0·948	2·844	4·761	6·637	8·534	10·430	12·327	14·223	16·120	18·016	19·913
0·6°	1·138	3·034	4·931	6·827	8·724	10·620	12·517	14·413	16·310	18·206	20·103
0·7°	1·328	3·224	5·121	7·017	8·914	10·810	12·697	14·603	16·500	18·386	20·293
0·8°	1·517	3·413	5·310	7·206	9·103	10·999	12·796	14·792	16·686	18·585	20·482
0·9°	1·707	3·603	5·500	7·396	9·293	11·189	13·086	14·982	16·879	18·775	20·672

von □″ (Quadratzoll) auf cm²

Zoll	1	2	3	4	5	6
cm²	6·938	13·876	20·814	27 752	34 690	41·628

Zoll	7	8	9	10	11	12
cm²	47·566	55·504	62,442	69 380	76·318	83·256

von □′ (Quadratschuh) auf m²

Schuh	1	2	3	4	5	6
m²	0·0999	0.1998	0·2997	0·3996	0·4995	0·5994

Schuh	7	8	9	10	11	12
m²	0·6993	0·7993	0·8992	0·9910	1·0990	1·1989

von □° (Quadratklafter) auf m²

Klafter	1	2	3	4	5	6
m²	3·5967	7·1933	10·7900	14 3866	17·9833	21·5799

Klafter	7	8	9	10	11	12
m²	25·1766	28·7732	32·3699	35·9666	39·5633	43·1598

von ⊞ (Kubikschuh) auf m³

Schuh	1	2	3	4	5	6	7	8	9	10	11	12
m³	0·032	0·063	0·093	0·126	0·158	0·186	0·218	0·252	0·284	0·315	0·347	0·378

von ⊞ (Kubikklafter auf m³

Klafter	1	2	3	4	5	6	7	8	9	10
m³	6·821	13·642	20·463	27·284	34·105	40·926	47·747	54·568	61·389	68·210

von mm auf Linien

mm	1	2	3	4	5	6	7	8	9	10
Linien	0·46	0·91	1·37	1·82	2·28	2·73	3·19	3·64	4·10	4·56

von cm auf Zoll und Linien

cm	1	2	3	4	5
Linien	0·38	0·76	1·14	1·52	1·90
Zoll und Linien	0'' 4.5'''	0'' 9·1'''	1'' 1·6'''	1'' 6·2'''	1'' 10·8'''

cm	6	7	8	9	10
Linien	2·28	2·66	3·04	3·42	3·80
Zoll und Linien	2'' 3·3'''	2'' 7·9'''	3'' 0·5'''	3'' 5·0'''	3'' 9·6'''

Gewichte

Einheit = 1 Kilogramm (kg) = 1 Liter destilliertes Wasser im luftleeren Raum bei $+4^0$ C

    1 kg = 100 Dekagramm = (dkg)
    1 kg = 1000 Gramm = (g)
    1 g = 10 Dezigramm (dg) = 100 Zentigramm (cg) =
         = 1000 Milligramm (mg)
 100 kg = 1 Meterzentner (q)
1000 kg = 1 Tonne (t)

Alte Wiener Gewichte

1 Wiener Zentner = 100 Wiener Pfund
1 Wiener Pfund = 32 Lot = 0·560060 kg = 560·06 g
1 Zollzentner = 50 kg = $^1/_{20}$ Tonne = 100 Zollpfund =
       = 0·89276 Wiener Zentner
1 Zollpfund = 0 5 kg = 0·89276 Wiener Pfund

Festigkeitstabelle der wichtigsten Baustoffe in kg/cm²

Stoff	Elastizitätsmodul	Bruchfestigkeit auf			Zulässige Beanspruchung auf		
		Zug	Druck	Schub	Zug	Druck	Schub
Aluminum, gegossen	675.000	1000—1200	.	.	.	.	.
-Bronze	.	6400	.	.	.	.	.
Basalt	.	.	1000—3000	.	.	.	.
Beton: Gußbeton	.	.	.	.	.	75	.
Stampfbeton (1:3:6)	380.000	.	80—250	.	.	5—10	.
für Decken (1:3)	315.000	.	.	.	.	20—35	.
für Fundamente	.	.	.	.	.	30	.
Blei, weich	50.000	125	50—150	.	.	10—15	.
hart	.	300	300	.	.	.	.
Deltametall, Guß	.	3400—3700	.	.	.	.	.
gewalzt	997.700	5880	.	.	.	.	.
geschmiedet	.	3600	.	.	.	.	.
Draht, Aluminum-	.	2300—2700	.	.	.	.	.
Blei-, weich	70.000	170	.	.	.	.	.
Blei-, hart	.	220	.	.	.	.	.
Bronze-	.	4600—7100	.	.	.	.	.
Eisen-, gezogen	.	5900—7000	.	.	1200	.	.
Eisen-, geglüht	2,000.000	4000	.	.	800	.	.
Kupfer-	1,300.000	4000	.	.	800	.	.
Messing-	1,000.000	5000	.	.	.	.	.
Stahl-	2,150.000	4000—9000	.	.	.	.	.
Zink-	150.000	1900	.	.	.	.	.
Eisen, Fluß	2,150 000	3400—4400	2500—3000	.	875—1000	875—1000	750
Guß	750.000—1,000.000	1200—1800	7000—8000	.	250	500	200
Schweiß	2,000.000	3300—4000	2200—2800	.	750—1000	750—1000	600—700
Glas, geblasen	700.000	.	250	.	.	25	.
gegossen	700.000	.	250	.	.	20	.
Granit, Diorit und Syenit	240.000—300.000	.	800—2000	78	.	45	9
Grauwacke	.	45	500—1500	.	.	.	.
Hanfseile: Schleiß, neu	10.500—12.000	1200	.	.	.	.	.
„ alt	.	500	.	.	.	.	.

						⊥ zur Faser	= Faser
Hanfseile: Manila, neu	8000—9500	1200					
„ alt	.	500					
Holz: Buche	169.000—180.000	1340	320	85		80	30	15
Esche	103.000—108.000	965	345	85		80	30	15
Esche	100.000					66	30	15
Fichte	92.000—99.000	750	245	40		60	20	10
Kiefer	90.000—96.000	790	280	45		60	20	10
Lärche	90.000—96.000					60	20	10
Tanne	90.000—95.000					50	20	10
Kalkmörtel						5		
Kalkstein						25		
Korkstein						17		
Kupfer	1,150.000	2700—3200	400		100			
Kupferblech, gewalzt		2000—2300	400—2000		100—120			
Lederriemen, neu	1.250	250—450			100			
gebraucht	2.250	250—450			100			
Marmor	80.000	1650		69	80	24		
Messing					60			
Porphyr	90.000	2000	1000—2600					
Rotguß								
Sandstein: im Mittel			300—1000			20		
Bruch- u. Quader-			300—1000			15		
Kunst-			450			45		
Stahl: Feder-	2,220.000	7500—9000				6000		
Fluß-	2,220.000	4500—10 000				1000—2000		
Guß-	2,150.000	3500—7000				600		
Zement: 0 Sandzusatz (n. vier Wochen)	250.000		250—270			25		
1 Zement + 1 Sand			200			20		8
1 „ + 2 „			180			18		
1 „ + 3 „			100			10		
Ziegel: Klinker			300—900			11—12		
Mittelbrand			200—300			6		
Schwachbrand			150—200			4		
Zinn								
Zink	400.000	350				200		
Zinkblech	150.000	1000			200	200		

Gewichte und Belastungen verschiedener Baukonstruktionen

A. Eigengewichte der Deckenkonstruktionen

(bis zu einer Zimmertiefe von 6 m)

Nummer	Konstruktionsart	Gewicht in kg pro m² mit eisernen Träger	Gewicht in kg pro m² ohne eisernen Träger
1	Gewohnlicher Tramboden mit 8 cm Beschuttung samt Fußboden und Stukkaturung der Decke	—	250
2	Gewohnlicher Dippelboden mit 8 cm Beschuttung, sonst wie 1	—	300
3	Gewohnlicher Dippelboden mit 8 cm Beschuttung, stukkaturter Decke und Fußboden aus liegendem Ziegelpflaster oder Steinplattenbelag	—	350
4	Tramboden zwischen eisernen Tragern, sonst wie Post 1	260	240
5	15 cm starke Gewolbe aus Mauerziegeln zwischen eisernen Tragern mit 8 cm Beschuttung am Gewölbescheitel, Verputz und Fußboden:		
	a) bei einer Verlagsweite der Trager bis 1·4 m	480	450
	b) bei einer Verlagsweite der Träger von 1·40—3 m	550	520
6	Gerade Gewölbedecken bis zu einer Verlagsweite der Trager von 1·50 m aus Ziegeln, einschließlich Beschuttung, Verputz und Fußboden:		
	System Schober, Konstruktionshöhe 35 cm	570	530
	System Demski, Honel, Ludwig, Schneider, Wehler, Konstruktionshöhe 32 cm	450	420
7	Stampfbetongewolbe mit Verputz, 6 cm hoher Beschuttung im Scheitel und Holzfußboden:		
	a) 7·5 cm stark, 11·5 cm Stich, mit einer Konstruktionshohe von 30 cm	370	350
	b) 8·5 cm stark, 20·5 cm Stich, mit einer Konstruktionshohe von 40 cm	430	410

Nummer	Konstruktionsart	Gewicht in kg pro m²	
		mit	ohne
		eisernen Träger	
8	Stampfbetongewölbe mit Stampfbetonausgleichung und über dem Scheitel 6 cm starkem Betonfußboden:		
	a) 7·5 cm stark, 16·5 cm Stich, mit einer Konstruktionshöhe von 30 cm	460	440
	b) 8·5 cm stark, 25·5 cm Stich, mit einer Konstruktionshöhe von 40 cm	550	530
9	Moniergewölbe:		
	a) 5 cm stark, 25 cm Stich, mit einer Konstruktionshöhe von 40 cm, mit Verputz, Beschüttung 5 cm im Scheitel und Holzfußboden	360	340
	b) 5 cm stark, 43 cm Stich, mit einer Konstruktionshöhe von 50 cm, mit 2 cm starkem Betonfußboden und Ausfüllung der Zwickel mit Schlackenbeton	450	430
10	Gerade Monierplatten mit Holzfußboden, Verputz und Beschüttung, 5 cm starke Platten mit Ausbetonierung der Trägerflanschen....	440	420
11	Bombierte Wellblechdecken zwischen eisernen Trägern samt Fußboden und Beschüttung, jedoch ohne Verputz:		
	a) bis zu einer Trägerentfernung von 2 m bei einer im Scheitel 10 cm hohen Beschüttung	250	235
	b) bis zu einer Trägerentfernung von 3 m bei einer im Scheitel 6 cm hohen Beschüttung	280	265

NB. (Post 1—11). Für jedes Zentimeter höhere Beschüttung als oben angegeben ist, sind die Gewichte um je 14 kg zu erhöhen.

B. Eigengewichte der Dächer

Nummer	Dachgattung	Neigungs-verhältnis der Höhe zur zugehörigen Tiefe der Dachfläche	kg pro m² Grundriß
1	Einfaches Ziegeldach..................	1:1·25	100
2	Doppeltes Ziegeldach	1:1·25	125
3	Falzziegeldach	1:2·25	64
4	Einfaches Schieferdach	1:2·25	73
5	Doppeltes Schieferdach	1:2·25	82
6	Schieferdach auf Kunstschieferplatten mit Dachpappenunterlage..........	1:2·25	41
7	Dach mit Zink- oder Eisenblech auf Schalung........................	1:4	45
8	Dach mit Dachpappeneindeckung.....	1:4	32
9	Doppeltes Teerpappendach...........	1:4	35
10	Glasdach samt Eisensprossen:		
	Glasstärke bis 6 mm................	1:2	26
	Glasstärke bis 8 mm................	1:2	38
11	Dach mit Wellblech auf Winkeleisenpfetten		25
12	Dach mit Holzzementbelag und 10 cm hoher Schotterbettung............	1:20	175
13	Dach mit Eternitschiefer, einfache Deckung........................	1:2·25	55
14	Dach mit Eternitschiefer, doppelte Deckung........................	1:2·25	60

Die Eigengewichte der Posten 1 bis 9 umfassen das Gewicht sämtlicher Teile der Dacheindeckung einschließlich Sparren, jedoch ohne Tragwerk. Das Gewicht der Tragwerke kann je nach dem Gewicht des Deckenmaterials und bei Stützweiten bis 16 m angenommen werden für:

a) eiserne Tragwerke mit 10–20 kg pro m² Grundriß,
b) hölzerne Tragwerke mit 20–30 kg pro m² Grundriß.

Bei Dächern mit anderen als den in der Tabelle angenommenen mittleren Neigungen genügt es, wenn die Gewichte im Verhältnisse der Sparrenlänge annähernd erhöht bzw. herabgemindert werden.

Belastungen durch Wind- und Schneedruck

a) Schneedruck

Der Schneedruck ist in kg auf 1 m² Grundrißflache wie folgt anzunehmen:

bei Dachneigungen unter 40° .... 75 kg
bei Dachneigungen zwischen 40° und 60° ..... 40 ,,
bei Dachneigungen über 60° ist der Schneedruck nicht mehr zu berucksichtigen.

Fur sudlich gelegene, nachweisbar schneearme Gegenden kann fallweise eine Ermaßigung der vorstehenden Schneelasten zugestanden werden.

Fur Alpengegenden mit nachweisbar sehr bedeutenden Schneefallen ist der Schneedruck je nach der örtlichen Lage entsprechend hoher, und zwar bei Dachneigungen unter 40° bis zu 200 kg, bei solchen zwischen 40 und 60° bis zu 110 kg auf 1 m² Grundrißflache anzunehmen. Die Schneelast ist entweder auf sämtlichen oder, wenn dies ungunstigere Belastungsverhaltnisse ergibt, nur auf einzelnen Dachflächen in Rechnung zu ziehen.

b) Winddruck

Der Winddruck ist auf eine Ebene senkrecht zur Windrichtung im allgemeinen mit $p = 170$ kg auf 1 m², in außergewöhnlichen Fallen je nach der örtlichen Lage bis zu 270 kg auf 1 m² anzunehmen.

Die Windrichtung ist als wagrecht vorauszusetzen, fur Flachen, welche mit der Windrichtung einen Winkel α einschließen, ist der Winddruck senkrecht zu dieser Flache mit $p_1 = p \sin^2 \alpha$ auf 1 m² zu rechnen.

Bei offenen Hallen, Vordachern usw. ist gegebenenfalls ein von innen nach außen senkrecht zur Dachflache wirkender Winddruck von 60 kg auf 1 m², in außergewohnlichen Fallen je nach der örtlichen Lage bis zu 100 kg auf 1 m² anzunehmen.

Bei Bauwerken, welche sich in dauernd windgeschutzter Lage befinden, kann eine Ermaßigung des Winddruckes bis auf $p = 75$ kg auf 1 m² zugelassen werden.

Die Warmeschwankungen sind, sofern nicht besondere Verhaltnisse, wie z. B. bei Trockenkammern, die Berücksichtigung höherer Temperaturen erheischen, für Temperaturgrenzen von 20° bis $+ 30°$ C unter Annahme eines linearen Ausdehnungskoeffizienten fur Beton gleich 0·0000135 für 1° C zu berücksichtigen.

Bei gleichzeitigem Wind- und Schneedruck ist letzterer mit zwei Dritteln des oben angegebenen Wertes anzunehmen.

Zufällige Belastungen

Nr.	Bezeichnung des belasteten Raumes	Gewicht in kg pro m²
1	Gewohnliche Dachraume	150
2	Gewohnliche Wohnraume	250
3	Schulraume	300
4	Stiegen, Gange, Konzert-, Tanz-, Turn-, Fecht- und Versammlungssäle	400
5	Geschaftsraume, Arbeitssale, Lagerräume, in den Stockwerken von Wohn- und Geschaftshäusern	450
6	Geschaftsraume, Werkstätten, Lagerraume, im Erdgeschoß	550
7	Futterkammern	400
8	Eiskeller bei 1 m Eishohe	750

Die Größe der zufälligen Belastung fur Theater, Büchereien, Speicher, Lager- und Arbeitsräume mit schweren Maschinen ist von Fall zu Fall zu ermitteln, und sind Stoßwirkungen besonders zu berücksichtigen.

Zulässige Beanspruchung des Baugrundes

Nr.	Bodengattung	Belastg. in kg pro cm²
1	Weicher Ton- und sehr feuchter, feinkörniger Sandboden	bis 1·0
2	Lehm-, mittelfester Ton- und maßig feuchter oder stark tonhaltiger, jedoch trockener Sandboden	„ 2·0
3	Tegel-, fester Ton- und trockener, wenig tonhaltiger Sandboden	„ 4·0
4	Festgelagerter, grober Sand, dann Kies und Schotter	„ 6·0
5	Lockerer, wasserhaltiger Boden, Fundierung mit Pilotage (bei einer mittleren Pilotenentfernung von 1 m im Maximum und unter Grundwasserstand) per cm² Pilotenquerschnitt	25

Wichtige Angaben über Baumaterialien in ihrer Verwendung bei Baukonstruktionen

Nach Aufstellungen des osterreichischen Ingenieur- und Architektenvereines im Jahre 1902

a) Steinmaterial in einzelnen Werkstücken, steinernen Säulen und Pfeilern

Zulassiger Druck in Kilogramm pro Quadratzentimeter

Nr.	Steingattungen	I	II		
			a	b	c
1	1. Gruppe Porphyr, Mauthausener, schlesischer u. Bacher Granit, Untersberger Marmor	100	60	50	25
2	2. Gruppe Karstmarmor, feinkorniger, bohm.-mahrischer Granit, Wollersdorfer, Karpathen-Sandstein, St. Stefano, Hauslinger, Almaser, Mannersdorfer, Gr.-Hofleiner, Gmundner Granit, Carrara-Marmor, Schlesischer Marmor................	70	40	30	—
3	3. Gruppe Grisignana, Wiener Sandstein, bester Oszloper, bester Lindabrunner, Laaser Marmor, Hundsheimer, Kaiserstein, Sommereiner........	50	30	25	—
4	4. Gruppe Sterzinger Marmor, Oszloper, Wöllersdorfer Konglomerat, Lindabrunner, Marzano, Badener, Ternitzer Konglomerat, Muhlendorfer..........	35	20	15	—
5	5. Gruppe Mähr.-Trubauer und Brusauer Sandstein, Innsbrucker Konglomerat, Monoster, Hořicer Sandstein, Salzburger Konglomerat, bester Margarethner, bester Zogelsdorfer, bester Kroisbacher, Goyszer...........	15	10	—	—
6	6. Gruppe Zagelsdorfer, Kroisbacher, Margarethner, Breitenbrunner, Stotzinger	8	5	—	—

Ad 1. Einzelne würfelförmige und plattenförmige Steine. Die eingesetzten Zahlenwerte entsprechen einer zirka 15fachen Sicherheit.

Ad II. a) Tragpfeiler und Säulen, deren kleinste Querschnittsdimension $1/_6$ bis $1/_8$ der Höhe beträgt.

b) Exponierte Werksteine, ferner Tragpfeiler und Säulen, deren kleinste Querschnittsdimension $1/_8$ bis $1/_{12}$ der Höhe beträgt.

c) Tragpfeiler und Säulen, deren kleinste Querschnittsdimension weniger als $1/_{12}$ der Höhe beträgt.

Diese Tabelle bezieht sich durchwegs auf Mittelwerte der Druckfestigkeit senkrecht zum Lager.

Für Steine, mit Ausnahme der 1. Gruppe (bester Gattung), die einer starken, andauernden Durchnässung ausgesetzt sind, haben die vorstehenden Zahlen keine Geltung.

b) Zulässige Beanspruchung bei Ziegel-, gemischtem Mauerwerk, Bruchstein- und Betonmauerwerk

Druck in Kilogramm pro Quatratzentimeter

Nr.	Mauerwerksgattung	a	b	c
1	Ziegelmauerwerk mit Weißkalkmörtel	5	2·5	—
2	,, ,, Roman-Zementmörtel	7·5	5	—
3	,, ,, Portland-Zementmörtel	10	7·5	5
4	Gemischtes Mauerwerk oder Bruchsteinmauerwerk mit Weißkalkmörtel	4	—	—
5	Gemischtes Mauerwerk oder Bruchsteinmauerwerk mit Roman-Zementmörtel	5	—	—
6	Gemischtes Mauerwerk oder Mauerwerk aus lagerhaftem Bruchstein mit Portland-Zementmörtel	8	—	—
7	Bruchsteinmauerwerk aus zugerichtetem festem Stein mit Portland-Zementmörtel	10	—	—
8	Mauerwerk aus geschlemmten Ziegeln bester Sorte (sogenannte doppelt-geschlemmte) oder Pfeilerziegel mit Portland-Zementmörtel	12	8	6
9	Mauerwerk aus Klinkern mit Portland-Zementmörtel	20	15	10

Nr.	Mauerwerksgattung	a	b	c
10	Betonmauerwerk aus Roman-Zement in Fundamenten im Mischungsverhältnisse von 250 kg zu 1 m³ Sand und Schotter (Volumenmischungsverhältnis 1:5)	5	—	—
11	Betonmauerwerk aus Portland-Zement bei Mauern nicht unter 45 cm stark:			
	a) im Mischungsverhältnis von 500 kg zu 1 m³ Sand und Schotter (Volumenmischungsverhältnis 1:3)	18	—	—
	b) im Mischungsverhältnis von 325 kg zu 1 m³ Sand und Schotter (Volumenmischungsverhältnis 1:5)	12	—	—
	c) im Mischungsverhältnis von 225 kg zu 1 m³ Sand und Schotter (Volumenmischungsverhältnis 1:8)	8	—	—
	d) im Mischungsverhältnis von 175 kg zu 1 m³ Sand und Schotter (Volumenmischungsverhältnis 1:10)	6	—	—

a) Mauern, nicht unter 45 cm stark, sowie Tragpfeiler, deren kleinste Querschnittsdimension mindestens $1/6$ der Höhe beträgt.
b) Mauern unter 45 cm stark, sowie Tragpfeiler, deren kleinste Querschnittsdimension $1/6$ bis $1/8$ der Höhe beträgt.
c) Pfeiler mit mindestens 30 cm kleinster Abmessung, deren kleinste Querschnittsdimension $1/8$ bis $1/{12}$ der Höhe beträgt.

c) Zulässige Beanspruchung bei Gewölben aus Ziegelmauerwerk Beton und Hausteinen

(bis zu Spannweiten von 10 m)

Nummer	Mauerwerksgattung	Druck-	Zug-
		\multicolumn{2}{c}{Festigkeit}	
		\multicolumn{2}{c}{in kg per cm²}	
1	Ziegelgewölbe mit Weißkalkmortel..........	5	0
2	,, ,, Roman-Zementmortel.....	7·5	0
3	,, ,, Portland-Zementmortel ...	10	1
4	Gewolbe aus geschlemmten Ziegeln bester Sorte (sogenannte doppelt-geschlemmte) sowie aus Pfeilerziegeln mit Portland-Zementmörtel	12	1
5	Gewolbe aus Klinkerziegeln mit Portland-Zementmörtel..........................	20	—
6	**Betongewolbe** aus Portland-Zement im Mischungsverhältnis von 500 kg zu 1 m³ Sand und Schotter (Volumenmischungsverhaltnis 1 : 3).....................	18	3
7	Betongewölbe aus Portland-Zement im Mischungsverhältnis von 325 kg zu 1 m³ Sand und Schotter (Volumenmischungsverhaltnis 1 : 5).....................	12	2
8	Betongewölbe aus Portland-Zement mit Eiseneinlagen (Monier, G. A. Wayss, Melan u. a. m.) im Mischungsverhältnis von 500 kg zu 1 m³ ungeworfenen Sand (Volumenmischungsverhaltnis 1 : 3)..................	21	8
9	Hausteingewölbe aus Steinen mit Ausschluß der Gruppe 5 und 6 der Tabelle b) mit Portland-Zementmortel................	30	1

Eigengewicht der Stufen samt zufälliger Belastung
pro m² horizontale Projektion:

Wohntreppen........................ 350 + 400 = 750 kg
Öffentliche Gebaude, Fabriken .... 360 + 640 = 1000 kg

Eigengewichte von Baumaterialien als solche und in ihrer Anwendung (Mittelwerte)

in Tonnen pro 1 m³

a) Verschiedene Baustoffe

Schweißeisen	7·80	Granul. Hochofenschlacke	0·85
Flußeisen	7·85	Steinkohlenasche	0·75
Roheisenguß	7·30	Gußasphalt	1·20
Stahl	7·90	„ auf Rieselschotter	2·10
Blei	11·40	Stampfasphalt	2·04
Kupfer, gewalzt	9·00	Terrazzo	2·20
Eichenholz ⎫	0·80	Feinklinkerplatten	2·30
Buchenholz ⎪ lufttrocken	0·75	Steinpflaster, je nach der	
Lärchenholz ⎬	0·65	Steingattung.. 2·50 bis	3·00
Kiefern-, Tannen- ⎪		Gipsdielen	1·00
oder Fichtenholz ⎭	0·60	Gips in Verbindung mit	
Holzstöckelpflaster	1·10	Schlacke	1·25
Xylolith	1·40	Füllungsbeton aus Zement	
Glas	2·60	und Schlacke . 1·00 bis	1·30
Dammerde, trocken	1·35	Korkstein	0·33
„ feucht	1·50	Trockener Weißkalkmörtel	1·52
Schotter, Kies	1·90	Trockener Roman- und	
Sand	1 60	Portlandzementmörtel .	1·70
Mauerschutt	1·40		

b) Mauerwerk samt Mörtelputz

Mauerwerk aus gewöhnlichen oder geschlämmten Vollziegeln

	trocken	feucht
1. mit Weißkalkmörtel	1·58	1·67
2. „ Roman- oder Portlandzementmörtel	1·65	1·77
Mauerwerk aus Klinkerziegeln mit Portlandzementmörtel	1·92	2·00
Mauerwerk aus Hohl(Loch)ziegeln mit Weißkalkmörtel	1·35	1·45
Mauerwerk aus porösen Vollziegeln mit Weißkalkmörtel	1·20	1·35
Mauerwerk aus porösen Hohl(Loch)ziegeln mit Weißkalkmörtel	1·14	1·29
Bruchsteinmauerwerk ⎫	1·90 bis	2·50
Sandsteinmauerwerk ⎪ je nach der	2·10 „	2·50
Kalksteinmauerwerk ⎬ Steingattung	2·00 „	2 60
Granitmauerwerk ⎭		2·70

Freistehende Fabriksschornsteine

Diese erhalten oben ½ bis 1 Stein Starke und die Wandstärke vermehrt sich nach dem unteren Ende in Absatzen von je ½ Stein oder auch kontinuierlich. Bei Schornsteinen von mehr als 30 m Hohe ist die Wandstarke mit Berücksichtigung des Winddruckes zu bestimmen, bis zu dieser Höhe beträgt die untere Wandstarke 2½ Stein, bei 20 m Hohe 2 Stein

Schornsteine müssen auf ihre Stabilitat berechnet werden. Die zu erfullenden Forderungen sind durch den **Runderlaß des Bnndesministeriums für Handel und Gewerbe, Industrie und Bauten vom 21. September 1922, Z. 37159 — 1/Hand.**, festgestellt. Der zur Vorlage zu bringende Schornsteinentwurf muß im Maßstabe 1:100 gezeichnet sein. Die statische Berechnung kann rechnerisch oder graphisch zur Darstellung gebracht werden.

Winddruck $= W = 1.25 + 0.6$ H der vertikalen Projektionsfläche.

Abminderungskoeffizient fur runde Schornsteine . . . . 0·67 F.W.
bei achteckigem Querschnitt . . . . 0·71 F.W.
bei viereckigem Querschnitt . . . . 1·00 F.W.

Aufmauerung: gut gebrannte Ziegel und als Bindemittel ein Raumteil Portlandzement, vier Raumteile Weißkalk und höchstens zehn Raumteile erd- und lehmfreier Sand.

Die Benützung anderer Bindemittel und Mischverhaltnisse ist gestattet, wenn der Nachweis ihrer Eignung erbracht wird.

Einheitsgewichte der verschiedenen Mauerwerksgattungen per 1·00 m^3.

Ziegelmauerwerk in Hartbrand . . . . . . 1600 kg
Schaftmauerwerk aus Maschinringsteinen . 1800 kg
Stampfbeton aus Portlandzement . . . . . 2200 kg

Zulässige Beanspruchung: a) des Baumaterials

1) Fur Ziegelmauerwerk aus gut gebrannten Mauerziegeln in verlangertem Zementmortel . . . . 10 kg/cm^2

2) Für Schaftmauerwerk aus gelochten Maschinringsteinen in verlangertem Zementmörtel . . . . 15 kg/cm²

3) Für Beton im Mischverhältnis von 120 kg Portlandzement auf 1 m³ Sand und Zuschlage . . . . 6 „

4) Für Beton im Mischverhaltnis von 160 kg Portlandzement auf 1 m³ Sand und Zuschlage . . . . 9 „

5) Fur Beton im Mischverhaltnis von 220 kg Portlandzement auf 1 m³ Sand und Zuschlage . . . . 14 „

6) Für Ringsteine aus Beton, deren Druckfestigkeit mindestens 120 kg/cm² betragt 15 „

7) Fur gewohnliche Mauerziegel nach den bestehenden Vorschriften für gewöhnliches Ziegelmauerwerk.

b) des Baugrundes

8) Sehr feuchtem Lehm und Tegel und bei Sand mit mindestens 1·00 m Mächtigkeit gegen Ausweichen geschützt mit 1·5 kg/cm²

9) Festgelagertem Schotter von geringer Mächtigkeit und bei stehendem gegen Ausweichen geschütztem Lehm und Tegel mit . . . . 2·5 „

10) Festgelagertem Schotter von großer Machtigkeit, bei liegendem trockenem Lehm und Tegel mit . . . . 3·5 „

Ansonsten siehe Önorm B 2201 (Öster. Normenausschuß für Industrie und Gewerbe, III, Lothringerstraße Nr. 12).

— 26 —

Für den untenstehend skizzierten Schornstein folgt eine Stabilitätsberechnung. Es bedeuten:

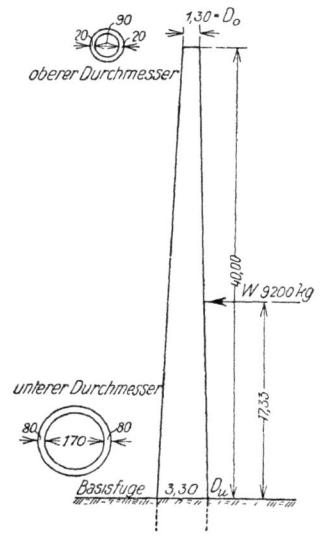

H = Höhe des Schaftes von der Basisfuge
D_o = Durchmesser, oben
D_u = Durchmesser, unten
Q = Gesamtgewicht des Schaftes
W = Winddruck $(125 . 0·6 H) \times$ $\times$ Koeffizient
h = Angriffspunkt des Winddruckes
Um = Umsturzmoment
F = Querschnittsfläche
Wm = Widerstandsmoment

$D_o = 0·90 + (2 \times 0·20) = \mathbf{1·30}$
$D_u = 1·30 + (40·00 \times 0·05) = \mathbf{3·30}$
$d_o = \mathbf{0·90}$ m
$d_u = 0·90 + (40·00 \times 0·02) = \mathbf{1·70}$ m
$Q = 224.000$ kg

1. Winddruck (W)

$$W = (0·67 . 125) + 0·6 H) . \frac{D_o + D_u}{2} . H$$

$$W = (0·67 . 125) + 0·6 \times 40·00) . \frac{1·30 + 3·30}{2} . 40·00 =$$

$$= 9200 \text{ kg}$$

2. Höhe des Angriffspunktes vom Winddruck:

$$h = \frac{D_u + 2 D_o}{D_u + D_o} \cdot \frac{H}{3} =$$

$$h = \frac{3{\cdot}30 + 2{\cdot}60}{3{\cdot}30 + 1{\cdot}30} \cdot \frac{40}{3} = 17{\cdot}33 \text{ m}$$

3. Daher Umsturzmoment:

$U_m = W \cdot h$
$U_m = 9200 \cdot 17{\cdot}33 = 159.436$ rund **159.440 kg**

4. Stabilitätsmoment:

$$Q \cdot \frac{D_u}{2} =$$

$$224.000 \cdot \frac{3{\cdot}30}{2} = 369.600 \text{ kg}$$

Somit eine 2·31 fache Sicherheit gegen Umkippen vorhanden.

5. Querschnittsfläche der Basisfuge:

$$F = \frac{\pi}{4} \cdot (D_u^2 - d_u^2) =$$

$$F = 0{\cdot}785 \cdot (3{\cdot}30^2 - 1{\cdot}70^2) = 62.800 \text{ cm}^2$$

6. Widerstandsmoment $= (W_m)$:

$$W_m = \frac{\pi}{32} \cdot \frac{D_u^4 - d_u^4}{D_u} =$$

$$W_m = \frac{3{\cdot}14}{32} \cdot \frac{330^4 - 170^4}{330} =$$

$$= 0{\cdot}098 \cdot 33{,}406.060 = 3{,}273.794 \text{ cm}^3$$

7. Die auftretende Kantenspannung in der Basisfuge ist sonach:

$$\frac{Q}{F} + \frac{U_m}{W_m} =$$

$$\frac{224.000}{62.800} + \frac{15{,}943.600}{3{,}273.794} = 3{\cdot}56 + 4{\cdot}87 = 8{\cdot}43 \text{ kgcm}^2 \text{ Druck}$$

gegen zulässige **10 kgcm²**

Trägheitsmomente

$J = \frac{1}{12} b \cdot h^3$

$J = \frac{1}{12} a^4$

$J = \frac{\pi}{64} D^4 = \frac{1}{20} D^4$

$J = \frac{\pi}{64}(D^4 - d^4) = \frac{1}{20}(D^4 - d^4)$

$J = 0{\cdot}64\, R^4$
$W = 0{\cdot}69\, R^3$

$J = 0{\cdot}54\, R^4$
$W = \frac{5}{8}\, R^3$

Spezifische Gewichte verschiedener Körper

(Gleich dem Gewichte von 1 dm³ in kg)

a) Feste Körper

Name des Körpers	Spezifisches Gewicht	Name des Körpers	Spezifisches Gewicht
Alabaster........	2·65	Erde (sandig, feucht)	1·90
Aluminium	2·57		
Anthrazit	1·40—1·70	Erde (lehmig, festgestampft).....	2·06
Asche (von Steinkohlen)	0·90	Fette	0·92—0·94
Asphalt coulé....	2·10	Gips (gebrannt) ..	1·81
„ comprimé	2·05	„ (gegossen) ..	1·003
Basalt	2·80—3·20	Gipsdielen (Skagliolplatten usw...........	1·00—1·30
Bauschutt	1·40		
Bausteine (mittel)	2·50		
Beton (mittel) ...	2 47	Glas (Fenster-)...	2·64
Bimsstein	0·80—1·20	„ (Spiegel-) ...	2·45
Blei	11·37	„ (Kristall-) ..	2·90
Braunkohle	1·20—1·50	„ (Flint-)	3·50
Bronze..........	8·60	Glimmer	2·50—3·30
Cement	2·70—3·00	Glockenmetall....	8·80
Cement-Stein	2·20—2·40	Gneis und Granit	2·80—3·00
Cokes (im Stuck) .	1·40	Gold (gegossen) ..	19·25
Cokes (geschüttet)	0·35—0·50	Graphit	2 00—2·20
Colophonium	0·80	Grauwacke	2·60
Dolomit, körniger	2·90	Guttapercha	0·98
Eis	0·90	Hochofenschlacke.	0·85
Eisen (Guß-)	7·10—7·50	Holz (im Mittel):	
„ (Schmiede-)	7·80	Laubholz, trocken	0·66
Eisenerz.........	3·10—5·30	Laubholz, wassergesättigt	1·11
Eisenglanz.......	5·23		
Erde (vegetabilisch)	1·30—1·80	Nadelholz, trocken	0·45
Erde (kiesig, trocken)........	1·40	Nadelholz, wassergesättigt	0·48

Name des Körpers	Spezifisches Gewicht	
	lufttrocken	frisch
Holzarten:		
Ahorn	0·53—0·81	0·83—1·05
Akazie	0·58—0·85	0·75—1·00
Apfelbaum	0·66—0·84	0·95—1·26
Birke	0·51—0·77	0·80—1·09
Birnbaum	0·61—0·73	0·96—1·07
Buchsbaum	0·91—1·16	1·20—1·26
Ebenholz	1·26	—
Eberesche	0·69—0·89	0·87—1·13
Eiche	0·69—1·03	0·93—1·28
Erle	0·42—0·68	0·63—1·01
Esche	0·57—0·94	0·70—1·14
Fichte (Rottanne)	0·35—0·60	0·40—1·07
Guayak (Pockh.)	1·17—0·39	—
Kiefer (Föhre)	0·31—0·76	0·38—1·08
Kirschbaum	0·76—0·84	1·05—1·18
Lärche	0·47—0·56	0·81
Linde	0·32—0·59	0·58—0·87
Mahagoni	0·56—1·06	—
Nußbaum	0·60—0·81	0·91—0·92
Pappel	0·39—0·59	0·61—1·07
Pechkiefer (Pitschpine)	0·83—0·85	—
Pflaumenbaum	0·68—0·90	0·87—1·17
Roßkastanie	0·58	—
Rotbuche	0·66—0·83	0·85—1·12
Steineiche	0·71—1·07	—
Tanne (Weißtanne)	0·37—0·75	0·77—1·23
Teakholz	0·90	—
Ulme (Rüster)	0·56—0·82	0·78—1·18
Weide	0·49—0·59	0·79
Weißbuche	0·62—0·82	0·92—1·25
Zeder	0·57	—

— 31 —

Name des Korpers	Spezifisches Gewicht	Name des Korpers	Spezifisches Gewicht
Holzkohle	0·30—0·45	Pech	1·08—1·15
Kalk (gebrannt)..	2·30—3·20	Platin	20·20—21·60
„ (geloscht) ..	1·38	Porphyr	2·40—2·80
Kalkerde	3·20	Porzellan	2·22
Kalkstein	2·40—2·90	Porzellan-Erde	1·15
Kautschuk	0·93	Quarz	2·56—2·75
Kieselerde	2·66	Quecksilber (gefroren)	14·50—15·50
Kork	0·24		
Korkstein	0·40—0·45	Sand (trocken)	1·40—1·60
Kreide	2·00—2·70	„ (feucht)	1·50—1·90
Kupfer	8·80—8·95	Sandstein	1·90—2·50
Kupfererz, rotes..	5·90	Schaumstein (Goebels-)	0·60
Kupferglanz	5·70		
Lava	2·40—2·90	Schiefer	2·60—2·70
Lehm (roh)	1·10	Schieferton	2·64
„ (gebrannt)	1·40—2·20	Schlackenstein (mit Gips)	1·20—1·30
Marmor	2·50—2·80		
Mauerwerk mit Kalkmörtel:		Schnee (frisch, locker)	0·20
Mauerwerk aus Ziegel (mittel)	1·55—1·66	Schnee (festgelagert)	0·80
Mauerwerk aus Sandstein (mittel)	2·05—2·20	Schwefel	1·96—2·06
		Serpentin	2·64
		Silber	10·20—10·60
Mauerwerk aus Bruchstein (mittel)	2·45—2·53	Stahl	7·90
		Steinkohle	1·20—1·50
Mennige	8·40—8·70	Steinkohlenasche	0·75
Mergel	1·70—2·70	Talkerde	2·35
Messing	8·15—8·75	Terrazzo	2·20
Mortel aus Weißkalk	1·60—1·75	Ton (frisch)	2·60
		Ton (trocken)	1·50
Mortel a. Zementkalk	1·68	Torf (faserig, trocken)	0·25—0·50
Mortel a. Schlacken	1·88	Torfmull (lose)	0·20
Mörtel a. Hammersinter	1·20	Wachs	0·90—1·20
		Wasserglas	1·25
Nickel	8·70—8·86	Xylolith (Steinholz)	1·40
Packfong	8·40—8·70		
Papier	0·70—1·15	Ziegel, gebrannte, gewöhnliche	1·40—1·80

Name des Körpers	Spezifisches Gewicht	Name des Körpers	Spezifisches Gewicht
Ziegel, gebrannte, geschlemmt ...	1·55	Ziegel, gebrannte, Chamotte	2·10
Ziegel, gebrannte, Klinker	1·60	Zink	7 03
		Zinn	7·20—7·40
		Zinnober	8·10

b) Flüssigkeiten

Äther (Essig)	0·91	Salzsole	1·20
,, (Schwefel) .	0·73	Säure, Essig- . ..	1·06—1·08
Alkohol	0·80	,, Salz-	1·19
Bier	1·02—1·03	,, Salpeter- ..	1·42—1·52
Essig	1 01	,, Schwefel- .	1·78—1·90
Kreosot	1·02	Scheidewasser ...	1·12
Naphtha	0·72	Spiritus	0·83—0·93
Öl, Rüb-	0·92	Teer, Berg-	1·13
,, Steinkohlen- ..	0·91	,, Steinkohlen-	1·11
,, Steinkohlenteer-	0 77	Wasser, destilliert od. Regen-	1·00
,, Terpentin-	0·86	Wasser, Fluß-, Meer-	1·00—1·03
Quecksilber	13·60		

Absolute Gewichte von in Massen locker aufgeschütteten Körpern

Benennung der Korper	Gewicht von 1 m³ kg	Benennung der Korper	Gewicht von 1 m³ kg
Buchweizen	450—590	Kleesamen	820
Erbsen und andere Hulsenfruchte	710—850	Stroh, gebunden	50—60
		Weizen	670—790
Gerste	620—700	Holz, kleingemacht und aufgestapelt:	
Gras und Klee	330—360		
Hafer	430—540		
Hanfsamen	510—560	Buche	
Heu	100—110	Eiche	400—440
Kartoffeln	590—800	Eiche, ausgewassert	430—600
Mehl, lose aufgeschuttet	470		420—450
		Fichte	300—350
Mehl, fest aufgeschuttet	560—600	Tanne	300—400
		Holzkohle	150—200
Roggen	685—785	Steinkohle	850—1100
Leinsamen	770—820	Braunkohle	700—1000
Winterraps	680—745	Koks	400—800
Sommerraps	680	Stallmist	700—900

Eisenbahnschienenprofile

Dimensionen in mm						Gewicht in kg/m	W_x in cm³
Hohe	Kopfbreite	Kopfhohe	Stegstarke	Fußbreite	Fußstarke		
125	58	44	12	110	8	35·4	141·5
128	57	41	13	104	8	34·0	143·5
110	52	35	10	94	8	26·0	99·0
100	50	34	10	94	7	23·0	72·0
90	42	30	10	75	6·5	17·9	51·5

Tragfähigkeit frei aufliegender gewalzter I-Träger und Architekten-

Profil des Trägers	Querschnittsdimensionen in mm		Gewicht per m in kg	Trägheitsmoment in cm⁴	Widerstandsmoment in cm³	Tragfähigkeit in Tonnen bei nach der Formel P = Widerstandsmoment, L Länge kg bedeutet,					
						1	1·5	2	2·5	3	3·5
						in Tonnen					
6	44	60/4	5·5	5·3	40·00	13·30	1·06	0·70	0·52	0·41	0·34
8	52	80/4	6	7·0	96·09	24·02	1·92	1·27	0·95	0·75	0·62	0·53
9	46	90/4·2	6·3	7·1	118·00	26·20	2·08	1·38	1·03	0·82	0·67	0·57
10	60	100/4·5	7	9·6	205·82	41·16	3·28	2·18	1·63	1·29	1·07	0·91
12	68	120/5	8	12·5	388·65	64·77	5·16	3·43	2·56	2·04	1·69	1·43
13	72	130/5·5	8·5	14·4	518·59	79·78	6·37	4·23	3·16	2·52	2·08	1·77
14	76	140/6	8·5	15·8	652·36	93·19	7·44	4·94	3·69	2·94	2·43	2·07
15	80	150/6	9	17·4	831·69	110·89	8·85	5·88	4·40	3·50	2·90	2·47
16	84	160/6·5	9·5	19·6	1056·79	132·10	10·55	7·02	5·25	4·18	3·46	2·95
18	90	180/7	11	24·1	1645·85	182·87	14·61	9·72	7·27	5·80	4·80	4·10
18a	135	180/7	11	31·8	2353·73	261·53	20·89	13·90	10·39	8·29	6·88	5·86
20	96	200/8	12	28·9	2402·03	240·20	19·19	12·77	9·5	7·61	6·32	5·39
21	99	210/8·5	12·5	31·6	2865·22	272·88	21·79	14·50	10·85	8·65	7·18	6·12
22	102	220/9	13	34·3	3392·23	308·38	24·64	16·40	12·27	9·78	8·12	6·93

NB. 1 Tonne = 1000 kg.

nach den Normaltypen des Österreichischen Ingenieur-Vereines

gleichmäßig verteilter Belastung für frei aufliegende I-Träger, berechnet $\dfrac{8 \times K \times W}{l} - gL$, wobei K die Inanspruchnahme per $cm^2 = 1000$ kg, W das in m, l Länge in cm, g das Eigengewicht des Trägers per laufenden m in Spannweite in m

4	4·5	5	5·5	6	6·5	7	7·5	8	8·5	9	9·5	10
\multicolumn{13}{c}{in Tonnen}												
0·49	0·43											
0·79	0·69	0·61										
1·24	1·09	0·97	0·87									
1·54	1·35	1·20	1·08	0·98								
1·80	1·58	1·41	1·27	1·15	1·04							
2·14	1·89	1·68	1·51	1·37	1·25	1·14						
2·56	2·26	2·02	1·81	1·64	1·50	1·37	1·26					
3·56	3·14	2·81	2·53	2·29	2·09	1·92	1·77	1·63				
5·10	4·50	4·02	3·62	3·29	3·01	2·76	2·55	2·36	2·19			
4·69	4·14	3·70	3·34	3·03	2·77	2·54	2·35	2·17	2·02	1·88		
5·33	4·70	4·20	3·79	3·50	3·15	2·89	2·67	2·47	2·30	2·14	1·99	
6 03	5·33	4·76	4·30	3·91	3·57	3·28	3·03	2·81	2·61	2·43	2·27	2·12

Tragfähigkeit frei aufliegender gewalzter I-Träger und Architekten-

Profil des Trägers	Quer-schnitts-dimen-sionen in mm	Gewicht per m in kg	Trägheitsmoment in cm^4	Widerstands-moment in cm^3	Tragfähigkeit in Tonnen bei nach der Formel P = Widerstandsmoment, L Länge kg bedeutet,				
					1	1 5	2	2·5	3	3 5
					in Tonnen				
22 a	135 $\frac{220}{9}$ 13	41·0	4312·55	392·05	31·32	20·84	15 60	12 44	10·33	8·81
23	105 $\frac{230}{9}$ 14	37·1	4052·20	352 37	28·15	18·73	14 02	11·18	9·28	7·92
24	108 $\frac{240}{9·5}$ 14·5	40·1	4730·75	394·23	31·50	20 97	15·69	12·52	10 39	8·87
24 a	135 $\frac{240}{9·5}$ 14·5	46·2	5727·51	477·29	38·14	25·39	19·00	15·16	12 59	10·75
25	111 $\frac{250}{10}$ 15	43·1	5491 06	439·28	35·09	23·36	17·48	13·94	11·58	9 89
26	114 $\frac{260}{10\ 5}$ 15·5	46·3	6339·45	487·65	38 97	25·94	19·41	15·49	12·87	10 98
28	120 $\frac{280}{11}$ 17	52·9	8429·70	602·12	48·12	32·03	23·98	19·14	15·90	13·58
28 a	150 $\frac{280}{11}$ 17	60·9	10195·67	728·28	58·20	38·75	29·01	23·15	19·24	16·43
30	126 $\frac{300}{12}$ 18	60·1	10870·24	724·68	57·92	38·56	28·87	23·04	19·14	16·35
32	132 $\frac{320}{13}$ 19	67·7	13805·90	862·87	68·96	45·92	34·38	27·44	22 81	19·49
35	141 $\frac{350}{14}$ 21	79·8	19455·63	1111·75	88·86	59·17	44·31	35·38	29·41	25·13
40	156 $\frac{400}{16}$ 24	102·3	32316·76	1615·84	129·17	86·03	64·43	51·45	42·78	36·58
45	171 $\frac{450}{18}$ 27	127·6	50676·76	2252·30	108·06	119·93	89·84	71·75	50·68	51·05
50	186 $\frac{500}{20}$ 30	157·1	75912·10	3036·50	242·76	161·71	121·14	96 77	80·50	68·85

NB. 1 Tonne = 1000 kg

nach den Normaltypen des Österreichischen Ingenieur-Vereines

gleichmäßig verteilter Belastung für frei aufliegende $\underline{I}$-Träger, berechnet
$$\frac{8 \times K \times W}{l} - g\, L,$$ wobei K die Inanspruchnahme per cm² = 1000 kg, W das
in m, l Länge in cm, g das Eigengewicht des Trägers per laufenden m in Spannweite in m

4	4·5	5	5·5	6	6·5	7	7·5	8	8·5	9	9·5	10
					in Tonnen							
7·67	6·78	6·06	5·47	4·98	4·55	4·19	3·87	3·59	3·34	3·11	2·91	2·72
6·89	6·09	5·45	4·92	4·47	4·09	3·76	3·48	3·22	3·00	2·79	2·61	2·44
7·72	6·83	6·11	5·51	5·02	4·59	4·23	3·90	3·62	3·37	3·14	2·94	2·75
9·36	8·28	7·41	6·69	6·09	5·57	5·13	4·75	4·40	4·10	3 83	3·58	3·36
8·61	7·61	6·81	6·15	5·59	5·12	4·71	4·36	4·04	3·76	3·51	3·29	3·08
9 57	8·46	7·57	6·84	6·22	5·70	5·25	4·85	4·51	4·20	3·92	3 67	3·44
11·83	10·46	9·37	8·46	7·71	7·07	6·51	6·02	5·59	5·22	4·87	4·57	4·28
14·32	12·67	11·35	10·26	9·35	8·57	7·90	7·31	6·80	6·34	6·00	5·55	5·21
14·25	12·61	11·30	10·21	9·30	8·53	7·86	7·28	6·77	6·31	5·90	5·53	5·20
16·99	15·03	13·47	12·19	11·10	10·18	9·39	8·70	8·09	7·55	7·06	6·62	6·22
24·91	19·40	17·39	15·73	14·35	13·16	12·15	11·26	10·48	9·78	9·16	8·60	8·10
31·91	28·27	25·34	22·94	20·93	19·22	17·75	16·47	15·34	14·34	13·44	12·64	11·90
44·55	39·47	35·40	32·05	29·26	26·90	24·85	23·07	21·50	20·11	18·87	17·75	16·74
60·10	53·27	47·79	43·30	39·54	36·55	33·60	31·21	29·10	27·24	25·57	24·07	22·72

Tragfähigkeit frei aufliegender gewalzter [-Träger und Architekten-

Profil des Trägers	Querschnitts-dimensionen in mm	Gewicht per m in kg	Trägheits-moment in cm^4	Widerstands-moment in cm^3	Tragfähigkeit in Tonnen bei nach der Formel $P = \dfrac{16 \times K \times J}{h \times 1}$ zogen auf cm, h Höhe des Profils per laufenden m in kg,				
					1	1·5	2	2·5	3	3·5
					in Tonnen					
6	40 $\lfloor \frac{60}{5\cdot 5} \rfloor$ 8	6·88	47·51	15·84	1·26	0·82	0·61	0·48	0·40	
8	45 $\lfloor \frac{80}{6} \rfloor$ 9	9·22	114·54	28·64	2·28	1·51	1·12	0·89	0·73	0·62
10	50 $\lfloor \frac{100}{6\cdot 5} \rfloor$ 9·5	11·52	224·02	44·80	3·57	2·37	1·76	1·40	1·16	0·98
12	55 $\lfloor \frac{120}{7} \rfloor$ 10·5	14·41	403·88	67·31	5·37	3·56	2·66	2·11	1·75	1·48
13	60 $\lfloor \frac{130}{7} \rfloor$ 10·5	15·78	526·53	81·00	6·46	4·29	3·20	2·55	2·11	1·79
14	60 $\lfloor \frac{140}{7\cdot 5} \rfloor$ 11	17·20	653·17	93·31	7·44	4·95	3·69	2·94	2·43	2·07
16	65 $\lfloor \frac{160}{8} \rfloor$ 12	20·65	1023·83	127·98	10·21	6·79	5·07	4·04	3·35	2·85
18	70 $\lfloor \frac{180}{8\cdot 5} \rfloor$ 12·5	23·93	1493·51	165·95	13·25	8·81	6·59	5·25	4·35	3·70
20	75 $\lfloor \frac{200}{9} \rfloor$ 13·5	27·94	2152·26	215·23	17·19	11·43	8·55	6·81	5·65	4·82
22	80 $\lfloor \frac{220}{9\cdot 5} \rfloor$ 14	31·70	2940·41	267·31	21·35	14·20	10·62	8·47	7·03	5·99
24	85 $\lfloor \frac{240}{10} \rfloor$ 15	36·27	4003·88	333·66	26·65	17·74	13·27	10·58	8·78	7·49
26	90 $\lfloor \frac{260}{10\cdot 5} \rfloor$ 15·5	40·52	5226·04	402·00	32·12	21·37	15·99	12·76	10·59	9·04
28	95 $\lfloor \frac{280}{11} \rfloor$ 16·5	45·65	6830·21	487·87	38·98	25·95	19·42	15·49	12·87	10·99
30	100 $\lfloor \frac{300}{11\cdot 5} \rfloor$ 17	50·30	8619·44	574·63	45·92	30·57	22·88	18·26	15·17	12·95

NB. 1 Tonne = 1000 kg.

nach den Normaltypen des österreichischen Ingenieurvereines

gleichmäßig verteilter Belastung für frei aufliegende [-Träger, berechnet $\dfrac{-G\,1}{\,}$, wobei K die Inanspruchnahme in kg, J das Trägheitsmoment be- in cm, l Entfernung des Stützpunktes in cm, G Eigengewicht des [-Trägers Spannweite in m

4	4·5	5	5·5	6	6·5	7	7·5	8	8·5	9	9·5	10
					in Tonnen							
0·53	0·46	0·41										
0·85	0·74	0·65										
1·28	1·13	1·00	0·90									
1·55	1·36	1·21	1·09	0·98	0·89	0·81						
1·79	1·58	1·40	1·26	1·14	1·03	0·94						
2·47	2·18	1·94	1·74	1·58	1·44	1·31	1·21					
3·22	2·84	2·53	2·28	2·06	1·88	1·72	1·59					
4·19	3·70	3·30	2·97	2·70	2·46	2·26	2·08					
5·21	4·61	4·11	3·71	3·37	3·08	2·83	2·61	2·41				
6·52	5·76	5·15	4·65	4·23	3·87	3·55	3·28	3·04				
7·87	6·96	6·23	5·62	5·11	4·68	4·31	3·98	3·69	3·43	3·20		
9·57	8·46	7·57	6·84	6·23	5·70	5·25	4·86	4·51	4·20	3·92	3·67	3·44
11·29	9·98	8·94	8·08	7·35	6·74	6·21	5·75	5·34	4·98	4·65	4·36	4·09

Schließeneisen

2.	3.	4.	5.[1]	6.[2]	7.
Gewicht pro mm/kg					
10·3	7·4	5·0	4·3	3·6	2·8
Breite × Starke in mm					
B.	S.	B.	S.	B.	S.	B.	S.	B.	S.	B.	S.
53	24	53	18	46	14	46	12	46	10	46	8

[1] Gebrauchlich fur Schuber.
[2] Gebrauchlich fur Schließen.

Schließen: bis 3·00 m Länge mit 2 Ohren à 0·25 m =
= **0·50 m**;
  bis 6·00 m Länge mit 2 Ohren à 0·25 m = **0·50 m′** +
+ 1 Schloß, Ringe und Keile **0·50 m′**; Zus. 7 m.
  über 6·00 m Lange auf je 6 m Länge 1 Schloß = **0·50 m**.

Tabellen über Fassoneisen, Walzeisen

enthaltend: Gewichte, Profilabmessungen, Trägheitsmomente, Widerstandsmomente Tragfähigkeit etc.

a) Band- und Flacheisen

Ein Stab von 1 cm² Querschnitt und 1 m Länge wiegt 0·78 kg.
(Gewicht pro laufendes Meter in kg.)

Dicke in mm	Breite in Millimeter											
	10	15	20	25	30	35	40	45	50	60	70	80	90
3	0·23	0·35	0·47	0·59	0·70	0·82	0·94	1·05	1·17	1·40	1·64	1·87	2·11
4	0·31	0·47	0·62	0·78	0·94	1·09	1·25	1·40	1·56	1·87	2·18	2·50	2·81
5	0·39	0·59	0·78	0·98	1·17	1·37	1·56	1·76	1·95	2·34	2·73	3·12	3·51
6	0·47	0·70	0·94	1·17	1·40	1·64	1·87	2·11	2·34	2·81	3·28	3·74	4·21
7	0·55	0·82	1·09	1·37	1·64	1·91	2·18	2·46	2·73	3·28	3·82	4·37	4·91
8	0·62	0·94	1·25	1·56	1·87	2·18	2·50	2·81	3·12	3·74	4·37	4·99	5·62
9	0·70	1·05	1·40	1·76	2·11	2·46	2·81	3·16	3·51	4·21	4·91	5·62	6·32
10	0·78	1·17	1·56	1·95	2·34	2·73	3·12	3·51	3·90	4·68	5·46	6·24	7·02
11	—	1·29	1·72	2·15	2·57	3·00	3·43	3·86	4·29	5·15	6·01	6·86	7·72
12	—	1·40	1·87	2·34	2·81	3·28	3·74	4·21	4·68	5·62	6·55	7·49	8·42
13	—	1·52	2·03	2·54	3·04	3·55	4·06	4·56	5·07	6·08	7·10	8·11	9·13
14	—	1·64	2·18	2·73	3·28	3·82	4·37	4·91	5·46	6·55	7·64	8·74	9·83
15	—	1·76	2·34	2·93	3·51	4·10	4·68	5·27	5·85	7·02	8·19	9·36	10·53
16	—	—	2·50	3·12	3·74	4·37	4·99	5·62	6·24	7·49	8·74	9·98	11·23
17	—	—	2·65	3·32	3·98	4·64	5·30	5·97	6·63	7·96	9·28	10·61	11·93
18	—	—	2·81	3·51	4·21	4·91	5·62	6·32	7·02	8·42	9·83	11·23	12·64
19	—	—	2·96	3·71	4·45	5·19	5·93	6·67	7·41	9·09	10·37	11·86	13·34
20	—	—	3·12	3·90	4·68	5·46	6·24	7·02	7·80	9·36	10·92	12·48	14·04
	100	110	120	130	140	150	160	180	200	220	240	260	280
5	3·90	4·29	4·68	5·07	5·46	5·85	6·24	7·02	7·80	8·58	9·36	10·14	10·92
6	4·68	5·15	5·62	6·08	6·55	7·02	7·49	8·42	9·36	10·30	11·23	12·17	13·10
7	5·46	6·01	6·55	7·10	7·64	8·19	8·74	9·83	10·92	12·01	13·10	14·20	15·29
8	6·24	6·86	7·49	8·11	8·74	9·36	9·98	11·2	12·48	13·73	14·98	16·22	17·47
9	7·02	7·72	8·42	9·12	9·83	10·5	11·2	12·6	14·04	15·44	16·85	18·25	19·66
10	7·80	8·58	9·36	10·1	10·9	11·7	12·5	14·0	15·60	17·16	18·72	20·28	21·84
11	8·58	9·44	10·3	11·0	12·0	12·9	13·7	15·4	17·16	18·88	20·59	22·31	24·02
12	9·36	10·3	11·2	12·2	13·1	14·0	15·0	16·9	18·72	20·59	22·46	24·34	26·21
13	10·1	11·2	12·2	13·2	14·2	15·2	16·2	18·3	20·28	22·31	24·34	26·36	28·39
14	10·9	12·0	13·1	14·2	15·3	16·4	17·5	19·7	21·84	24·02	26·21	28·39	30·58
15	11·7	12·9	14·0	15·2	16·4	17·6	18·7	21·1	23·40	25·74	28·08	30·42	32·76
16	12·5	13·7	15·0	16·2	17·5	18·70	20·0	22·5	24·96	27·46	29·95	32·45	34·94
17	13·3	14·6	15·9	17·2	18·6	19·9	21·2	23·9	26·52	29·17	31·82	34·48	37·15
18	14·0	15·4	16·9	18·3	19·7	21·1	22·5	25·3	28·08	30·89	33·70	36·50	39·31
19	14·8	16·3	17·8	19·3	20·8	22·2	23·7	26·7	29·64	32·60	35·57	38·53	41·50
20	15·6	17·2	18·7	20·3	21·8	23·4	25·0	28·1	31·20	34·32	37·44	40·56	43·68

b) Gleichschenkelige Winkeleisen

Profil	Schenkel- lange	Schenkel- starke	Querschnitt cm²	Gewicht kg per Meter	Schwerpunkt- abstand v in Zentimetern	I_x	I_y	I_z
	mm	mm				cm⁴	cm⁴	cm⁴
1¹/₂	15	3	0·81	0·63	1·02	0·25	0·07	0·32
2	20	3	1·11	0·87	1·39	0·64	0·19	0·82
		4	1·44	1·12	1·36	0·79	0·22	1·01
2¹/₂	25	3	1·41	1·10	1·76	1·30	0·34	1·64
		4	1·84	1·44	1·73	1·63	0·44	2·07
		5	2·25	1·76	1·69	1·92	0·53	2·46
3	30	3	1·71	1·33	2·14	2·32	0·59	2·92
		4	2·24	1·75	2·10	2·94	0·77	3·71
		5	2·75	2·15	2·07	3·49	0·94	4·43
3¹/₂	35	4	2·64	2·06	2·48	4·81	1·24	6·05
		5	3·25	2·54	2·44	5·76	1·51	7·27
		6	3·84	3·00	2·41	6·61	1·78	8·39
4	40	4	3·04	2·37	2·85	7·34	1·88	9·22
		5	3·75	2·93	2·82	8·83	2·29	11·12
		6	4·44	3·46	2·78	10·20	2·70	12·89
4¹/₂	45	5	4·25	3·32	3·19	12·84	3·31	16·15
		6	5·04	3·93	3·16	14·89	3·89	18·79
		7	5·81	4·53	3·12	16·80	4·47	21·26
5	50	5	4·75	3·71	3·57	17·91	4·59	22·50
		6	5·64	4·40	3·53	20·85	5·40	26·25
		7	6·51	5·08	3·49	23·59	6·20	29·79
5¹/₂	55	6	6·24	4·87	3·90	28·22	7·26	35·48
		7	7·21	5·62	3·87	32·02	8·34	40·36
		8	8·16	6·36	3·83	35·59	9·39	44·98
6	60	6	6·84	5·34	4·28	37·14	9·52	46·66
		7	7·91	6·17	4·24	42·25	10·91	53·16
		8	8·96	6·99	4·21	47·07	12·30	59·37
		9	9·99	7·79	4·17	51·62	13·66	65·28
6¹/₂	65	6	7·44	5·80	4·65	47·78	12·20	59·97
		7	8·61	6·72	4·62	54·45	14·05	68·50
		8	9·76	7·61	4·58	60·79	15·79	76·57
		9	10·89	8·49	4·55	66·80	17·53	84·33
		10	12·00	9·36	4·51	72·50	19·25	91·75

Profil	Schenkel- lange	Schenkel- starke	Querschnitt cm²	Gewicht kg per Meter	Schwerpunkt-Absatz v in Zentimetern	I_x	I_y	I_z
	mm	mm				cm⁴		
7	70	7	9·31	7·26	4·99	68·81	17·62	86·43
		8	10·56	8·24	4·96	76·95	19·86	96·81
		9	11·79	9·20	4·92	84·70	22·07	106·77
		10	13·00	10·14	4·88	92·08	24·24	116·32
7½	75	8	11·36	8·86	5·33	95·75	24·62	120·36
		9	12·69	9·90	5·29	105·55	27·35	132·90
		10	14·00	10·92	5·26	114·92	30·05	144·97
		11	15·29	11·93	5·22	123·86	32·70	156·56
		12	16·56	12·92	5·19	132·40	35·32	167·72
8	80	8	12·16	9·48	5·71	117·38	30·05	147·43
		9	13·59	10·60	5·67	129·57	33·42	162·99
		10	15·00	11·70	5·63	141·25	36·72	177·97
		11	16·39	12·78	5·60	152·44	39·97	192·41
		12	17·76	13·85	5·56	163·16	43·15	206·31
9	90	9	15·39	12·00	6·42	188·03	48·19	236·22
		10	17·00	13·26	6·38	205·42	52·95	258·37
		11	18·59	14·50	6·35	222·17	57·66	279·80
		12	20·16	15·72	6·31	238·29	62·29	300·58
		13	21·71	16·93	6·28	253·81	66·89	320·70
10	100	10	19·00	14·82	7·13	286·58	73·42	360·00
		11	20·79	16·22	7·10	310·48	79·98	390·46
		12	22·56	17·60	7·06	333·59	86·44	420·02
		13	24·31	18·96	7·02	355·92	92·83	448·74
		14	26·04	20·31	6·99	377·49	99·16	476·65
12	120	11	25·19	19·65	8·59	551·68	140·77	692·45
		12	27·36	21·34	8·56	594·26	152·26	746·52
		13	29·51	23·02	8·52	635·67	163·58	799·25
		14	31·64	24·68	8·49	675·94	174·77	850·71
		15	33·75	26·33	8·45	715·08	185·88	900·96
14	140	13	34·71	27·07	10·02	1033·46	263·85	1297·31
		14	37·24	29·05	9·98	1100·94	282·07	1382·89
		15	39·75	31·01	9·95	1166·83	300·07	1466·90
		16	42·24	32·95	9·91	1231·16	317·82	1548·97
16	160	15	45·75	35·69	11·45	1777·58	454·04	2231·61
		16	48·64	37·94	11·41	1878·15	481·20	2359·36
		17	51·51	40·18	11·37	1976·35	508·11	2484·77
		18	54·36	42·40	11·34	2073·11	534·77	2607·88

c) Metergewicht von Rund- und Quadrateisen
in Kilogramm

Durchm. ev. Seite in mm	O Rund- eisen	□ Quadrat- eisen	Durchm. ev. Seite in mm	O Rund- eisen	□ Quadrat- eisen	Durchm. ev. Seite in mm	O Rund- eisen	□ Quadrat- eisen
5	0·15	0·20	19	2·21	2·82	46	12·96	16·51
6	0·22	0·28	20	2·45	3·12	48	14·12	17 97
7	0·30	0·38	22	2·97	3·78	50	15·32	19·50
8	0·39	0·50	24	3·53	4·49	55	18·53	23·60
9	0·50	0·63	26	4·14	5·27	60	22·05	28·08
10	0·61	0·78	28	4·80	6·12	65	25·88	32·96
11	0·74	0·94	30	5·51	7·02	70	30·02	38·22
12	0·88	1·12	32	6·27	7·99	75	34·46	43·88
13	1·04	1·32	34	7·08	9·02	80	39·21	49·92
14	1·20	1·53	36	7·94	10·11	85	44·26	56·36
15	1·38	1·76	38	8·85	11·26	90	49·62	63·18
16	1·57	2·00	40	9·80	12·48	95	55·29	70·40
17	1·77	2·25	42	10·81	13·76	100	61·26	78·00
18	1·99	2·53	44	11·86	15·10	—	—	—

Tabelle der im Handel gebräuchlichen Zinkbleche

Nr. der Tafeln	Starke in mm	Gewicht pro m² kg	Gewicht der Tafeln in kg			
			0·65/2·m =1·3 m²	0·80/2·m =1·6 m²	1·0/2·0 m =2·0 m²	1·0/2·5 m =2·5 m²
10	0·50	3·50	4.550	5·600	7·00	8·75
11	0·58	4·06	5·278	6·496	8·12	10·15
12	0·66	4·62	6·006	7·392	9·24	11·55
13	0·74	5·18	6·734	8·288	10·36	12·95
14	0·82	5·74	7·462	9·184	11·48	14·350
15	0·95	6·65	8·645	10·640	13·30	16·625
16	1.08	7·56	9·828	12·096	15·12	18·90
17	1.21	8·47	11·011	13·552	16·94	21·175

Verzinktes Eisenblech Nr. 22 = 0·6 mm.

Lötzinn (fur Weichlöten) 60 % Zinn + 40 % Blei; (für Hartlöten) Legierung von Messing und Zink oder Messing, Zink und Zinn.

Träme-Tabelle

Tramstarken	a) Wohnraume		b) Gange	c) Geschafts- raume usw.
	Verlagsweiten von Mitte zu Mitte			
	80 cm	90 cm	80 cm	
10 × 15	2·25	2·15	2·00	1·90
10 × 18	2·70	2·55	2 40	2·30
13 × 16	2·75	2·60	2·40	2·35
13 × 18	3·10	2·95	2·70	2·60
16 × 18	3·45	3·25	3·05	2·90
16 × 21	4 05	3·80	3·55	3·40
16 × 24	4·60	4·35	4·05	3·90
18 × 24	4·90	4·60	4·30	4·15
18 × 26	5·30	5·00	4·65	4 50
21 × 26	5·70	5 40	5·00	4·85
18 × 29	5·90	5·60	5·30	5 00
21 × 29	6·40	6·05	5·60	5·40
24 × 29	6·85	6·45	6·00	5·80
21 × 32	7·05	6·65	6·20	5·95
24 × 32	7·55	7·14	6·60	6·40

Andere Tramstärken (h = Hohe, b = Breite, l = Spannweite in m)

$$l = \sqrt{\frac{b h^2}{430}} \quad l = \sqrt{\frac{b h^2}{482}} \quad l = \sqrt{\frac{b h^2}{557}} \quad l = \sqrt{\frac{b h^2}{600}}$$

Dachstuhl-Holzstärken

Balken	Leerer Dachstuhl	Stehender Dachstuhl			
		mittl. Saule	mit zwei Saulen		
	Spannweite				
	bis 5·00 m	5—10 m	10—14 m	14—18 m	18—22 m
Sparren	10/13	10/16	13/16	13/18	13/21
Fußpfette.....	14/18	16/18	16/18	18/21	18/24
Mittelpfette ...	—	—	16/18	18/21	18/24
Firstpfette	—	16/18	—	—	—
Kopfband	—	10/16	13/16	13/18	13/21
Stuhlsäule	—	16/18	16/16	18/18	18/18
Strebe	—	16/16	16/16	18/18	18/18
Riegel	—	—	16/16	18/18	18/18
Mauerbank ...	12/14	16/16	16/16	18/18	18/18
Zangen.......	—	8/16	8/16	10/16	10/18
Bundtram	16/18	16/21	16/21	18/24	18/24
Kehlbalken ...	10/13	—	—	—	—

Sparrenstärken bei verschiedenem Dachdeckungsmaterial

Sparrenstärken in cm

Dachdeckung	Freie Länge des Sparrens in m							
	3·00		3·50		4·00		4·50	
	Entfernung der Sparren in m							
	0·80	1·00	0·80	1·00	0·80	1·00	0·80	1·00
Ziegel, einfach	8/12	9/13	9/13	10/14	11/14	12/15	12/15	13/16
„ doppelt	9/12	10/13	10/13	11/14	11/15	12/16	12/16	13/17
Schiefer	8/12	9/12	9/13	10/14	10/14	11/15	11/15	12/16
Zementplatten	9/12	10/13	10/13	11/14	11/15	12/16	12/16	13/17
Blech	8/11	8/12	9/12	10/13	10/13	10/14	11/14	11/15
Pappe	8/10	9/11	9/11	10/12	10/12	10/14	11/13	11/15
Holzzement	11/14	12/15	12/15	13/17	13/17	14/18	14/18	15/20

Dachdeckung	Freie Länge des Sparrens in m					
	5·00		5·50		6·00	
	Entfernung der Sparren in m					
	0·80	1·00	0·80	1·00	0·80	1·00
Ziegel, einfach	13/16	13/18	13/18	14/19	14/20	15/20
„ doppelt	13/17	14/18	14/18	15/20	15/19	16/21
Schiefer	12/16	13/17	13/17	14/18	14/18	15/19
Zementplatten	12/17	14/18	14/18	15/19	14/19	16/20
Blech	11/15	12/16	12/16	13/17	13/17	14/18
Pappe	11/14	12/16	12/15	12/17	13/16	14/18
Holzzement	15/20	16/21	16/21	17/22	17/22	18/24

Kantholz in cm

8	10	12	14	16	18	20	22
8/8	10/10	12/12	14/14	16/16	18/18	20/20	22/22
8/10	10/12	12/14	14/16	16/18	18/24	20/24	22/26
8/12	10/14	12/16	14/18	16/20	18/26	20/26	22/30
8/16	10/16	12/18	14/20	16/22	18/28	20/28	
	10/18	12/20		16/24			

Schnittholz

Länge: 3·50, 4·00, 4·50, 5·00, 5·50, 6·00, 7·00, 8·00 m

	Länge m	Dicke cm	Breite cm
Bretter:			
Kistenbretter	—	1·5	10, 15, 25
Schalbretter {	—	2·0	15, 25, 30
	—	2·5	15
Tischlerladen {	—	2·5	15, 30
	—	3·0	30
Falzbretter	—	3, 3·5, 4, 4·5	30
Fußbodenbretter	—	3·5 = ⁵/₄″	25—30
Sturzbodenbretter	—	3 0	25—30
Blindboden	—	2·5	15—25
Stukkatur-Schalbretter	—	2·0	—
Pfosten und Bohlen:			
Pfosten und Bohlen {	—	5, 6, 7	—
	—	8, 9, 10, 12, 15	(25—35)
Latten:			
Schindellatten	3—5	2	2, 3, 4
Ziegellatten	3—5	3	3, 4, 5
Dachlatten	3—5	4	4, 5
Spaltholz:			
Schindel	0·4—0·6	1·25—1·5	10
Scharschindel	0·4—0·45	—	12—18
Legschindel	0·9	—	18—30

Schonauer, Baumeister I. 2. Aufl.

Kantholz und zugehöriger Rundholzdurchmesser sowie dessen Querschnittflächen

☐ Querschnitt b × h		○ Querschnitt und Durchmesser entrindet		☐ Querschnitt b × h		○ Querschnitt und Durchmesser entrindet	
cm	cm²	cm²	D.* cm	cm	cm²	cm²	D. cm
8 × 8	64	111	11·9	17 × 17	289	454	24·0
8 × 9	72	126	12·6	17 × 18	306	484	24·7
8 × 10	80	142	13·4	17 × 19	323	510	25·5
8 × 11	88	160	14·3	17 × 20	340	541	26·3
9 × 9	81	140	13·3	17 × 21	357	573	27·0
9 × 10	90	157	14·1	17 × 22	374	607	27·8
9 × 11	99	175	14·9	17 × 23	391	642	28·6
9 × 12	108	195	15·8	17 × 24	408	679	29·4
10 × 10	100	173	14·8	18 × 18	324	509	25·5
10 × 11	110	191	15·6	18 × 19	342	538	26·2
10 × 12	120	211	16·4	18 × 20	360	568	26·9
10 × 13	130	233	17·2	18 × 21	378	601	27·6
11 × 11	121	210	16·4	18 × 22	396	634	28·4
11 × 12	132	229	17·1	18 × 23	414	670	29·2
11 × 13	143	251	17·9	18 × 24	432	707	30·0
11 × 14	154	275	18·7	18 × 25	450	745	30·8
11 × 15	165	300	19·5	19 × 19	361	567	26·9
12 × 12	144	249	17·9	19 × 20	380	597	27·6
12 × 13	156	271	18·6	19 × 21	399	629	28·3
12 × 14	168	294	19·3	19 × 22	418	663	29·0
12 × 15	180	320	20·2	19 × 23	437	699	29·8
12 × 16	192	346	21·0	19 × 24	456	736	30·6
13 × 13	169	293	19·3	19 × 25	475	774	31·4
13 × 14	182	316	20·1	19 × 26	494	814	32·2
13 × 15	195	341	20·8	19 × 27	513	836	33·0
13 × 16	208	368	21·6	20 × 20	400	628	28·3
13 × 17	221	396	22·5	20 × 21	420	660	29·0
14 × 14	196	339	20·8	20 × 22	440	694	29·7
14 × 15	210	365	21·5	20 × 23	460	729	30·4
14 × 16	224	391	22·4	20 × 24	480	766	31·2
14 × 17	238	420	23·1	20 × 25	500	805	32·0
14 × 18	252	450	23·9	20 × 26	520	845	32·8
14 × 19	266	482	24·8	20 × 27	540	886	33·6
15 × 15	225	353	21·2	20 × 28	560	930	34·4
15 × 16	240	378	22·0	21 × 21	441	692	29·7
15 × 17	255	403	22·7	21 × 22	462	726	30·4
15 × 18	270	431	23·5	21 × 23	483	761	31·1
15 × 19	285	460	24·2	21 × 24	504	798	31·9
15 × 20	300	491	25·0	21 × 25	525	837	32·7
15 × 21	315	523	25·8	21 × 26	546	877	33·5
16 × 16	256	402	22·6	21 × 27	567	918	34·2
16 × 17	272	428	23·4	21 × 28	588	962	35·0
16 × 18	288	455	24·1	21 × 29	609	1006	35·8
16 × 19	304	484	24·8	22 × 22	484	760	31·1
16 × 20	320	515	25·6	22 × 23	506	795	31·8
16 × 21	336	547	26·4	22 × 24	528	832	32·6
16 × 22	352	580	27·2	22 × 25	550	871	33·3

* D. = Durchmesser.

□ Querschnitt b ∧ h		○ Querschnitt und Durchmesser entrindet		□ Querschnitt b ∧ h		○ Querschnitt und Durchmesser entrindet	
cm	cm²	cm²	D. cm	cm	cm²	cm²	D. cm
22 ∧ 26	572	911	34·1	27 > 28	756	1188	38·9
22 ∧ 27	594	952	34·8	27 ∧ 29	783	1232	39·6
22 ∧ 28	616	995	35·6	27 × 30	810	1279	40·4
22 × 29	638	1040	36·4	27 ∧ 31	837	1327	41·1
22 30	660	1086	37·2	27 × 32	864	1376	41·9
22 > 31	682	1134	38·0	27 ∧ 33	891	1427	42·6
23 23	529	881	32·5	27 ∧ 34	918	1480	43·4
23 × 24	552	867	33·2	27 ∧ 35	945	1534	44·2
23 × 25	575	906	34·0	27 > 36	972	1590	45·0
23 ∧ 26	598	946	34·7	27 ∧ 37	999	1647	45·8
23 ∧ 27	621	988	35·5	27 × 38	1026	1706	46·6
23 ∧ 28	644	1031	36·2	28 ∧ 28	784	1231	39·6
23 × 29	667	1075	37·0	28 > 29	812	1276	40·3
23 ∧ 30	690	1122	37·8	28 × 30	840	1322	41·1
23 × 31	713	1170	38·6	28 ∧ 31	868	1370	41·8
23 × 32	736	1219	39·4	28 32	896	1419	42·5
24 24	576	904	33·9	28 ∧ 33	924	1470	43·2
24 ∧ 25	600	943	34·6	28 × 34	952	1523	44·0
24 ∧ 26	624	983	35·4	28 × 35	980	1577	44·8
24 ∧ 27	648	1024	36·1	28 × 36	1008	1633	45·5
24 ∧ 28	672	1068	36·9	28 × 37	1036	1690	46·4
24 ∧ 29	696	1112	37·6	28 ∧ 38	1064	1749	47·2
24 × 30	720	1159	38·4	29 ∧ 29	841	1320	41·0
24 × 31	744	1207	39·2	29 > 30	870	1367	41·7
24 × 32	768	1256	40·0	29 × 31	899	1415	42·5
24 ∧ 33	792	1307	40·8	29 × 32	928	1464	43·2
24 × 34	816	1360	41·6	29 ∧ 33	957	1515	44·0
25 ∧ 25	625	981	35·4	29 × 34	986	1568	44·7
25 × 26	650	1021	36·1	29 ∧ 35	1015	1622	45·5
25 × 27	675	1063	36·8	29 × 36	1044	1678	46·2
25 × 28	700	1106	37·5	29 > 37	1073	1735	47·6
25 > 29	725	1151	38·3	29 ∧ 38	1102	1794	47·8
25 > 30	750	1197	39·0	29 ∧ 39	1131	1854	48·6
25 × 31	775	1245	39·8	29 × 40	1160	1916	49·4
25 × 32	800	1294	40·6	29 × 41	1189	1980	50·2
25 × 33	825	1345	41·4	30 > 30	900	1413	42·4
25 × 34	850	1398	42·2	30 × 31	930	1561	43·1
25 × 35	875	1452	43·0	30 ∧ 32	960	1510	43·8
26 ∧ 26	676	1061	36·8	30 ∧ 33	990	1561	44·6
26 × 27	702	1103	37·5	30 ∧ 34	1020	1614	45·3
26 × 28	728	1146	38·2	30 > 35	1050	1668	46·1
26 × 29	754	1191	38·9	30 ∧ 36	1080	1724	46·9
26 × 30	780	1237	39·6	30 × 37	1110	1781	47·6
26 × 31	806	1285	40·4	30 ∧ 38	1140	1840	48·4
26 × 32	832	1335	41·2	30 39	1170	1900	49·2
26 × 33	858	1386	42·0	30 × 40	1200	1963	50·0
26 × 34	884	1438	42·8	30 ∧ 41	1230	2026	50·8
26 × 35	910	1492	43·6	30 × 42	1260	2091	51·6
26 × 36	936	1548	44·4	31 × 31	961	1509	43·8
27 × 27	729	1145	38·2	31 × 32	992	1558	44·5

☐ Querschnitt b × h		○ Querschnitt und Durchmesser entrindet		☐ Querschnitt b × h		○ Querschnitt und Durchmesser entrindet	
cm	cm²	cm²	D. cm	cm	cm²	cm²	D. cm
31 × 33	1023	1609	45·3	32 × 40	1280	2060	51·2
31 × 34	1054	1662	46·0	32 × 41	1312	2123	52·0
31 × 35	1085	1716	46·7	32 × 42	1344	2189	52·8
31 × 36	1116	1772	47·5	32 × 43	1376	2255	53·6
31 × 37	1147	1829	48·2	32 × 44	1408	2324	54·4
31 × 38	1178	1888	49·0	**33 × 33**	**1089**	**1710**	46·6
31 × 39	1209	1948	49·8	33 × 34	1122	1762	47·3
31 × 40	1240	2010	50·6	33 × 35	1155	1816	48·1
31 × 41	1271	2075	51·4	33 × 36	1188	1872	48·8
31 × 42	1300	2139	52·2	33 × 37	1221	1930	49·5
31 × 43	1333	2206	53·0	33 × 38	1254	1988	50·3
32 × 32	**1024**	**1608**	**45·3**	33 × 39	1287	2049	51·1
32 × 33	1056	1659	46·0	33 × 40	1320	2111	51·8
32 × 34	1088	1711	46·7	33 × 41	1358	2174	52·6
32 × 35	1120	1765	47·4	33 × 42	1386	2240	53·4
32 × 36	1152	1821	48·1	33 × 43	1419	2306	54·2
32 × 37	1184	1879	48·9	33 × 44	1452	2375	55·0
32 × 38	1216	1937	49·7	33 × 45	1485	2444	55·8
32 × 39	1248	1998	50·4				

Raum- (Kubik-) Inhalt runder Hölzer

Mittlerer Durchm., cm	Inhalt in Kubikmetern bei einer Länge von Metern							
	1	2	3	4	5	6	7	8	9
1	0·0001	0·0002	0·0003	0·0004	0·0005	0·0006	0·0007	0·0008	0·0009
2	0·0003	0·0006	0·0009	0·0012	0·0015	0·0018	0·0021	0·0024	0·0027
3	0·0007	0·0014	0·0021	0·0028	0·0035	0·0042	0·0049	0·0056	0·0063
4	0·0013	0·0026	0·0039	0·0052	0·0065	0·0078	0·0091	0·0104	0·0117
5	0·0020	0·0040	0·0060	0·0080	0·0100	0·0120	0·0140	0·0160	0·0180
6	0·0028	0·0056	0·0084	0·0112	0·0140	0·0168	0·0196	0·0224	0·0252
7	0·0039	0·0078	0·0117	0·0156	0·0195	0·0234	0·0273	0·0312	0·0351
8	0·0050	0·0100	0·0150	0·0200	0·0250	0·0300	0·0350	0·0400	0·0450
9	0·0064	0·0128	0·0192	0·0256	0·0320	0·0384	0·0448	0·0512	0·0576
10	0·0079	0·0158	0·0237	0·0316	0·0395	0·0474	0·0553	0·0632	0·0711
11	0·0095	0·0190	0·0285	0·0380	0·0475	0·0570	0·0665	0·0760	0·0855
12	0·0113	0·0226	0·0339	0·0452	0·0565	0·0678	0·0791	0·0904	0·1017
13	0·0133	0·0266	0·0399	0·0532	0·0660	0·0798	0·0931	0·1064	0·1197
14	0·0154	0·0308	0·0462	0·0616	0·0770	0·0924	0·1078	0·1232	0·1386
15	0·0177	0·0354	0·0531	0·0708	0·0885	0·1062	0·1239	0·1416	0·1593
16	0·0201	0·0402	0·0603	0·0804	0·1005	0·1206	0·1407	0·1608	0·1809
17	0·0227	0·0454	0·0681	0·0908	0·1135	0·1362	0·1589	0·1816	0·2043
18	0·0255	0·0510	0·0765	0·1020	0·1275	0·1530	0·1785	0·2040	0·2295
19	0·0284	0·0568	0·0852	0·1136	0·1420	0·1704	0·1988	0·2272	0·2556
20	0·0314	0·0628	0·0942	0·1256	0·1570	0·1884	0·2198	0·2512	0·2826
21	0·0347	0·0694	0·1041	0·1388	0·1735	0·2082	0·2429	0·2776	0·3123
22	0·0380	0·0760	0·1140	0·1520	0·1900	0·2280	0·2660	0·3040	0·3420
23	0·0416	0·0832	0·1248	0·1664	0·2080	0·2496	0·2912	0·3328	0·3744
24	0·0453	0·0906	0·1359	0·1812	0·2265	0·2718	0·3171	0·3624	0·4077
25	0·0491	0·0982	0·1473	0·1964	0·2455	0·2946	0·3437	0·3928	0·4419
26	0·0531	0·1062	0·1593	0·2124	0·2655	0·3186	0·3717	0·4248	0·4779
27	0·0573	0·1146	0·1719	0·2292	0·2865	0·3438	0·4011	0·4584	0·5157
28	0·0616	0·1232	0·1848	0·2464	0·3080	0·3696	0·4312	0·4928	0·5544
29	0·0661	0·1322	0·1983	0·2644	0·3305	0·3966	0·4627	0·5288	0·5949
30	0·0707	0·1414	0·2121	0·2828	0·3535	0·4242	0·4949	0·5656	0·6363
31	0·0755	0·1510	0·2265	0·3020	0·3775	0·4530	0·5285	0·6040	0·6795
32	0·0804	0·1608	0·2412	0·3216	0·4020	0·4824	0·5628	0·6432	0·7236
33	0·0855	0·1710	0·2565	0·3420	0·4275	0·5130	0·5985	0·6840	0·7695
34	0·0908	0·1816	0·2724	0·3632	0·4540	0·5448	0·6356	0·7264	0·8172
35	0·0962	0·1924	0·2886	0·3848	0·4810	0·5772	0·6734	0·7696	0·8658
36	0·1018	0·2036	0·3054	0·4072	0·5090	0·6108	0·7126	0·8144	0·9162
37	0·1075	0·2150	0·3225	0·4300	0·5375	0·6450	0·7525	0·8600	0·9675
38	0·1134	0·2268	0·3402	0·4536	0·5670	0·6804	0·7938	0·9072	1·0206
39	0·1195	0·2390	0·3585	0·4780	0·5975	0·7170	0·8365	0·9560	1·0755
40	0·1257	0·2514	0·3771	0·5028	0·6285	0·7542	0·8799	1·0056	1·1313
41	0·1320	0·2640	0·3960	0·5280	0·6600	0·7920	0·9240	1·0560	1·1880
42	0·1385	0·2770	0·4155	0·5540	0·6925	0·8310	0·9695	1·1080	1·2465
43	0·1452	0·2904	0·4356	0·5808	0·7260	0·8712	1·0164	1·1616	1·3068
44	0·1520	0·3040	0·4560	0·6080	0·7600	0·9120	1·0640	1·2160	1·3680
45	0·1590	0·3180	0·4770	0·6360	0·7950	0·9540	1·1130	1·2720	1·4310
46	0·1662	0·3324	0·4986	0·6648	0·8310	0·9972	1·1634	1·3296	1·4958
47	0·1735	0·3470	0·5205	0·6940	0·8675	1·0410	1·2145	1·3880	1·5615
48	0·1809	0·3658	0·5427	0·7236	0·9045	1·0854	1·2663	1·4472	1·6281
49	0·1886	0·3772	0·5658	0·7544	0·9430	1·1316	1·3202	1·5088	1·6974
50	0·1963	0·3926	0·5889	0·7852	0·9815	1·1778	1·3741	1·5704	1·7667

Mittlerer Durchm. cm	Inhalt in Kubikmetern bei einer Lange von Metern								
	1	2	3	4	5	6	7	8	9
51	0·2043	0·4086	0·6129	0·8172	1·0215	1·2258	1·4301	1·6344	1·8387
52	0·2124	0·4248	0·6372	0·8496	1·0620	1·2744	1·4868	1·6992	1·9116
53	0·2206	0·4412	0·6618	0·8824	1·1030	1·3236	1·5442	1·7648	1·9854
54	0·2290	0·4580	0·6870	0·9160	1·1450	1·3740	1·6030	1·8320	2·0610
55	0·2376	0·4752	0·7128	0·9504	1·1880	1·4256	1·6632	1·9008	2·1384
56	0·2463	0·4926	0·7389	0·9852	1·2315	1·4778	1·7241	1·9704	2·2167
57	0·2552	0·5104	0·7656	1·0208	1·2760	1·5312	1·7864	2·0416	2·2968
58	0·2642	0·5284	0·7926	1·0568	1·3210	1·5852	1·8494	2·1136	2·3778
59	0·2734	0·5468	0·8202	1·0936	1·3670	1·6404	1·9138	2·1872	2·4606
60	0·2827	0·5654	0·8481	1·1308	1·4135	1·6962	1·9789	2·2616	2·5443
61	0·2922	0·5844	0·8766	1·1688	1·4610	1·7532	2·0454	2·3376	2·6298
62	0·3019	0·6038	0·9057	1·2076	1·5095	1·8114	2·1133	2·4152	1·7171
63	0·3117	0·6234	0·9351	1·2468	1·5585	1·8702	2·1819	2·4936	2·8053
64	0·3217	0·6434	0·9651	1·2868	1·6085	1·9302	2·2519	2·5736	2·8953
65	0·3318	0·6636	0·9954	1·3272	1·6590	1·9908	2·3226	2·6544	2·9862
66	0·3421	0·6842	1·0263	1·3684	1·7105	2·0526	2·3947	2·7368	3·0789
67	0·3526	0·7052	1·0578	1·4104	1·7630	2·1156	2·4682	2·8208	3·1734
68	0·3632	0·7264	1·0896	1·4528	1·8160	2·1792	2·5428	2·9056	3·2688
69	0·3739	0·7478	1·1217	1·4956	1·8695	2·2434	2·6173	2·9912	3·3651
70	0·3848	0·7696	1·1544	1·5392	1·9240	2·3088	2·6936	3·0784	3·4632
71	0·3959	0·7918	1·1877	1·5836	1·9795	2·3754	2·7713	3·1672	3·5631
72	0·4071	0·8142	1·2213	1·6284	2·0355	2·4426	2·8497	3·2568	3·6639
73	0·4185	0·8370	1·2555	1·6740	2·0925	2·5110	2·9295	3·3480	3·7665
74	0·4308	0·8616	1·2924	1·7232	2·1540	2·5848	3·0156	3·4464	3·8772
75	0·4418	0·8836	1·3254	1·7672	2·2090	2·6508	3·0926	3·5344	3·9762
76	0·4536	0·9072	1·3608	1·8144	2·2680	2·7216	3·1752	3·6288	4·0824
77	0·4657	0·9314	1·3971	1·8628	2·3285	2·7942	3·2599	3·7256	4·1913
78	0·4778	0·9556	1·4334	1·9112	2·3890	2·8668	3·3446	3·8224	4·3002
79	0·4902	0·9804	1·4706	1·9608	2·4510	2·9412	3·4314	3·9216	4·4118
80	0·5027	1·1054	1·5081	2·0108	2·5135	3·0162	3·5189	4·0216	4·5249
81	0·5153	1·0306	1·5459	2·0612	2·5765	3·0918	3·6071	4·1224	4·6377
82	0·5281	1·0562	1·5843	2·1124	2·6405	3·1686	3·6967	4·2248	4·7529
83	0·5411	1·0822	1·6233	2·1644	2·7055	3·2466	3·7877	4·3288	4·8699
84	0·5522	1·1088	1·6626	2·2168	2·7710	3·3252	3·8794	4·4336	4·9878
85	0·5674	1·1348	1·7022	2·2696	2·8370	3·4044	3·9718	4·5392	5·1066
86	0·5809	1·1618	1·7427	2·3236	2·9045	3·4854	4·0693	4·6472	5·2281
87	0·5945	1·1890	1·7835	2·3780	2·9725	3·5670	4·1615	4·7560	5·3505
88	0·6082	1·2164	1·8246	2·4328	3·0410	3·6492	4·2574	4·8656	5·4738
89	0·6221	1·2442	1·8663	2·4884	3·1105	3·7326	4·3547	4·9768	5·5989
90	0·6362	1·2724	1·9086	2·5448	3·1810	3·8172	4·4534	5·0896	5·7258
91	0·6504	1·3008	1·9512	2·6016	3·2520	3·9024	4·5528	5·2032	5·8536
92	0·6648	1·3296	1·9944	2·6592	3·3240	3·9888	4·6536	5·3184	5·9832
93	0·6793	1·3586	2·0379	2·7172	3·3965	4·0758	4·7551	5·4344	6·1137
94	0·6940	1·3880	2·0820	2·7760	3·4700	4·1640	4·8580	5·5520	6·2460
95	0·7088	1·4176	2·1264	2·8352	3·5440	4·2528	4·9616	5·6704	6·3792
96	0·7238	1·4476	2·1714	2·8952	3·6190	4·3428	5·0666	5·7904	6·5142
97	0·7390	1·4780	2·2170	2·9560	3·6950	4·4340	5·1730	5·9120	6·6510
98	0·7543	1·5086	2·2629	3·0172	3·7715	4·5258	5·2801	6·0344	6·7887
99	0·7698	1·5396	2·3094	3·0792	3·8490	4·6188	5·3886	6·1584	6·9282
100	0·7854	1·5708	2·3562	3·1416	3·9270	4·7124	5·4978	6·2821	7·0686

Raum- (Kubik-) Inhalt gebräuchlicher Kanthölzer

Querschnitt b × h		Inhalt in Kubikmetern bei einer Länge von Metern							
cm	cm²	1	2	3	4	5	6	7	8	9
8/8	64	0·0064	0·0128	0·0192	0·0256	0·0320	0·0384	0·0448	0·0512	0·0576
8/10	80	0·0080	0·0160	0·0240	0·0320	0·0400	0·0480	0·0560	0·0640	0·0720
8/12	96	0·0096	0·0192	0·0288	0·0384	0·0480	0·0576	0·0672	0·0768	0·0864
8/14	112	0·0112	0·0224	0·0336	0·0448	0·0560	0·0572	0·0784	0·0896	0·1008
8/16	128	0·0128	0·0256	0·0384	0·0512	0·0640	0·0768	0·0896	0·1024	0·1152
10/10	100	0·0100	0·0200	0·0300	0·0400	0·0500	0·0600	0·0700	0·0800	0·0900
10/12	120	0·0120	0·0240	0·0360	0·0480	0·0600	0·0720	0·0840	0·0960	0·1080
10/14	140	0·0140	0·0280	0·0420	0·0560	0·0700	0·0840	0·0980	0·1120	0·1260
10/16	160	0·0160	0·0320	0·0480	0·0640	0·0800	0·0960	0·1120	0·1280	0·1440
10/18	180	0·0180	0·0360	0·0540	0·0720	0·0900	0·1080	0·1260	0·1440	0·1620
12/12	144	0·0144	0·0288	0·0432	0·0576	0·0720	0·0864	0·1008	0·1152	0·1296
12/14	168	0·0168	0·0336	0·0504	0·0672	0·0840	0·1008	0·1176	0·1244	0·1512
12/16	192	0·0192	0·0384	0·0576	0·0768	0·0960	0·1152	0·1344	0·1336	0·1728
12/18	216	0·0216	0·0432	0·0648	0·0864	0·1080	0·1296	0·1512	0·1528	0·1944
12/20	240	0·0240	0·0480	0·0720	0·0900	0·1200	0·1440	0·1680	0·1620	0·2160
14/14	196	0·0196	0·0392	0·0588	0·0784	0·0980	0·1776	0·1372	0·1568	0·1764
14/16	224	0·0224	0·0448	0·0672	0·0896	0·1120	0·1344	0·1568	0·1792	0·2016
14/18	252	0·0252	0·0504	0·0756	0·1008	0·1260	0·1512	0·1764	0·2016	0·2268
14/20	280	0·0280	0·0560	0·0840	0·1120	0·1400	0·1680	0·1960	0·2240	0·2520
14/22	308	0·0308	0·0616	0·0924	0·1232	0·1540	0·1848	0·2156	0·2464	0·2772
16/16	256	0·0256	0·0512	0·0768	0·1024	0·1280	0·1536	0·1792	0·2048	0·2304
16/18	288	0·0288	0·0576	0·0864	0·1152	0·1440	0·1728	0·2016	0·2304	0·2592
16/20	320	0·0320	0·0640	0·0960	0·1280	0·1600	0·1920	0·2240	0·2560	0·2880
16/22	352	0·0352	0·0704	0·1056	0·1408	0·1760	0·2112	0·2464	0·2816	0·3168
16/24	384	0·0384	0·0768	0·1152	0·1536	0·1920	0·2304	0·2688	0·3072	0·3456
18/18	324	0·0324	0·0648	0·0972	0·1896	0·1620	0·1944	0·2268	0·2592	0·2916
18/20	360	0·0360	0·0720	0·1080	0·1440	0·1800	0·2160	0·2520	0·2880	0·3240
18/22	396	0·0396	0·0792	0·1188	0·1584	0·1980	0·2376	0·2772	0·3168	0·3564
18/24	432	0·0432	0·0864	0·1296	0·1728	0·2160	0·2592	0·3024	0·3456	0·3888
18/26	417	0·0468	0·0936	0·1404	0·1872	0·2340	0·2808	0·3276	0·3744	0·4212
20/20	400	0·0400	0·0800	0·1200	0·1600	0·2000	0·2400	0·2800	0·3200	0·3600
20/22	440	0·0440	0·0880	0·1320	0·1760	0·2200	0·2640	0·3080	0·3520	0·3960
20/24	480	0·0480	0·0960	0·1440	0·1920	0·2400	0·2880	0·3360	0·3840	0·4320
20/26	520	0·0520	0·1040	0·1560	0·2080	0·2600	0·3120	0·3640	0·4160	0·4680
20/28	560	0·0560	0·1120	0·1680	0·2240	0·2800	0·3360	0·3920	0·4480	0·5040
22/22	484	0·0484	0·0968	0·1452	0·1936	0·2420	0·2904	0·3388	0·3872	0·4356
22/26	572	0·0572	0·1144	0·1616	0·2288	0·2860	0·3432	0·4004	0·4576	0·5078
22/30	660	0·0660	0·1320	0·1980	0·2640	0·3300	0·3960	0·4620	0·5280	0·5940

Tabelle für Rundeisen

(Flußeisen: 1 m³ wiegt 7850 kg)

Durchm. mm	Gewicht kg/m	Umfang cm	Fläche cm²	Fläche von 2 St. cm²	3 St. cm²	4 St. cm²	5 St. cm²	6 St. cm²	8 St. cm²	10 St. cm²
1	0·006	0·31	0·008	0·016	0·024	0·031	0·039	0·047	0·063	0·071
2	0·025	0·63	0·031	0·063	0·094	0·128	0·157	0·188	0·25	0·39
3	0·055	0·94	0·07	0·14	0·21	0·28	0·35	0·42	0·56	0·70
4	0·099	1·26	0·13	0·25	0·38	0·50	0·63	0·76	1·00	1·26
5	0·154	1·57	0·20	0·39	0·59	0·78	0·98	1·18	1·57	1·96
6	0·222	1·89	0·28	0·56	0·85	1·13	1·41	1·70	2·26	2·82
7	0·302	2·20	0·38	0·77	1·15	1·54	1·92	2·31	3·08	3 84
8	0·395	2·51	0·50	1·00	1·51	2·01	2·51	3·01	4·02	5 02
9	0·499	2·83	0·64	1·27	1·91	2·54	3·18	3·82	5·08	6·36
10	0·617	3·14	0·79	1·57	2·36	3·14	3·93	4·71	6·28	7·85
11	0·746	3·46	0·96	1·90	2·85	3·80	4·75	5·70	7·60	9·50
12	0·818	3·77	1·13	2·26	3·39	4·52	5·65	6·79	9·05	11·31
13	1·042	4·08	1·33	2·65	3·98	5·31	6·64	7·96	10·62	13·27
14	1·208	4·40	1·54	3·08	4·62	6·16	7·70	9·24	12·32	15·39
15	1·387	4·71	1·76	3·53	5·30	7·07	8·80	10·60	14·14	17·67
16	1·578	5·03	2·01	4·02	6·03	8·04	10·05	12·06	16·08	20·11
17	1·782	5·34	2·27	4·54	6·81	9·08	11·35	13·62	18 16	22·70
18	1·998	5·65	2·54	5·09	7·63	10·18	12·72	15·26	20·36	25·45
19	2·226	5·97	2·84	5·67	8·51	11·34	14·18	17·02	22·68	28·35
20	2·466	6·28	3·14	6·28	9·42	12·57	15·70	18·84	25·14	31·40
22	2·984	6·91	3·80	7·60	11·40	15·21	19·01	22·81	30·41	38·01
24	3·551	7·54	4·52	9·05	13·57	18·10	22·62	27·14	36·19	45·24
25	3·853	7·85	4·91	9·82	14·73	19·63	24·54	29·45	39·27	49·09
26	4·168	8·17	5·31	10·62	15·93	21·24	26·55	31·86	42·47	53·10
28	4·834	8·80	6·16	12·31	18·47	24·63	30·79	36·94	49·26	61·58
30	5·549	9·42	7·07	14·14	21·21	28·27	35·34	42·41	56·55	70·68
32	6·313	10·05	8·04	16·08	24·13	32·17	40·21	48·26	64·34	80·42
34	7·127	10·68	9·08	18·16	27·24	36·32	45·40	54·48	72·63	90·79
35	7·553	11·00	9·62	19·24	28·86	38·48	48·11	56·73	76·97	96·21
36	7·990	11·31	10·18	20·36	30·54	40·74	50·90	61·07	81·43	101·79
38	8·903	11·94	11·34	22·68	34·02	45·36	56·70	68·04	90·73	113·41
40	9·865	12·57	12·56	25·13	37·70	50·26	62·83	75·40	100·53	125·66
42	10·876	13·20	13·85	27·71	41·56	55·42	69·25	83·12	110·83	138·54
44	11·936	13·82	15·20	30·41	45·61	60·82	76·00	91·23	121·64	152·05
45	12 485	14·14	15·90	31·81	47·71	63·62	79·50	95·42	127·23	159·04
46	13·046	14·45	16·62	33·24	49·86	66·48	83·10	99·71	132·95	166·19
48	14·205	15·08	18·09	36·19	54·29	72·38	90·45	108·58	144·77	180·96
50	15 413	15·71	19·63	39·27	58·90	78·54	98·15	117·81	157·08	196·35

Sachverzeichnis

Es bedeuten: I = I Teil (Tabellen), II = II. Teil (Preisanalysen)

Abortschlauche, Ganzen, Heiz- und Wasserlaufrohre versetzen II 46
Abortschlauche aus Tonrohr versetzen II 51
Abortsitze versetzen II 49
— und Untersatz versetzen II 49
Absolute Gewichte von aufgeschutteten Körpern I 33
Altwiener Maße I 7
Aufsatzherd aufmauern II 43
Aushubmaterialgewinnung in weiten Gruben II 9
— in engen Gruben II 9
Aushubmaterialverfuhrung II 10
Außerer Verputz II 36
Asphaltplattenisolierung II 28

Beanspruchung, zulassige des Baugrundes I 18
— bei Steinmaterial I 19
— bei Ziegel-, gemischtem Mauerwerk, Bruchstein- und Betonmauerwerk I 20
— bei Gewolben aus Ziegel, Beton oder Haustein I 22
Belastung durch Wind- und Schneedruck I 17
Beleuchtung mit Ligroin II 22
Beton (praktische Mischungswerte) II 22
— (berechnete Werte) II 23
Betonmauerwerk, gerades II 25
Betongewolbemauerwerk II 29
Betondeckenverputz, ebener II 37
Betonpflaster II 34
Betonrundeisen-Tabelle I 56
Beton ausbrechen II 21

Bockelstukkaturung II 40
Bratrohre oder Wasserwandel versetzen II 47
Bruchsteinmauerwerk II 25

Chamottemortel II 38

Dachpappenstifte II 6
Dachpappe Nr. und Gewicht II 6
Dachstuhl-Holzstarken I 47
Deutsches Ziegelformat II 26
Drahtstiften, Menge und Gewicht II 5

Eigengewicht der Deckenkonstruktionen I 14
— — Dacher I 16
— — Stufen samt zufalliger Belastung I 22
— — von diversen Baumaterialien I 23
Eisenbahnschienenprofile I 33
Eisenfenstergitter ausbrechen II 20
Eisenofen abtragen II 16
Erdaushub (Klasseneinteilung) II 8

Fabriksschornstein, freistehender I 24
Farbelung II 39
Fenstergitter ausbrechen II 20
Fensterstock aus Stein ausbrechen II 21
Fensterbrett versetzen II 48
Fensterstock versetzen II 48
Festigkeitstabelle der wichtigsten Baustoffe I 12
Flacheninhalt I 4
Flachenmaß in $\square^0$ I 9

Fugen verschließen II 36
Fundamentbeton II 23
Fundamentpölzung II 11
Futterbarren versetzen II 47

Gewichte geschichteter Massen I 33
Gewicht- und Mengenbestimmung II 3
Gewichte I 11
Gemischtes Mauerwerk aus alten und neuen Ziegeln II 23
— — Stein und Ziegel II 24
Gewölbemauerwerk aus Ziegel II 28
— — Beton II 29
Gewölbeverputz, grober II 36
Gipsmörtel II 38
Gipsmörtelverputz II 31
Gipsdielenwand II 31
Granittrottoirpflaster aufreißen II 18
Grober Verputz 1½ cm stark II 35
— und feiner Innenverputz II 36
— — Gewölbeverputz II 36
Gußeisensäulen versetzen II 46

Hackelsteinmauerwerk II 29
Herdaufsetzen 16/27″, 24/36″ und mit Aufsatz II 42
Heraklithplattenwände II 32
Heraklith-Stopfmaterial II 32
Heraklithplatten-Deckenschalung II 41
Hohle Räume anfüllen II 11
Holzstöckelpflaster aufreißen II 18
Holzfensterstöcke ausbrechen II 21
Holzstärken für Dachstuhle I 47
Humusabdecken II 9

Isolierung mit 5 mm Asphaltplatte II 28

Kachelofen abtragen II 16
Kalklöschen II 13
Kalkulationsgrundlagen II 1
Kantholz- und zugehöriger Rundholzdurchmesser sowie dessen Querschnittflächen I 50
Kantholzdimensionen I 49
Kanalrohre versetzen II 50
Kaminturl ausbrechen II 20
— oder Ventilation versetzen II 47
Kaminaufsatz versetzen II 51
Kehlheimerplatten aufreißen II 18
K. B. Platten, Deckenschalung II 41
Klafterumrechnungstabellen I 8
Kokolithplattenverkleidung II 41
Kubikinhalt gebräuchlicher Kanthölzer I 55
— runder Hölzer I 53
Kubikinhalte (diverser Körper) I 6
Küchenherd abtragen II 16

Lehmmörtel II 38
Lehmestrich II 34
Lehmstampfung II 12
Ligroinbeleuchtung II 22

Mauerverputz in ganzen Flächen abschlagen II 19
— stellenweise abschlagen II 19
Mauerwerk abtragen II 16
Materialgewinnung (Erdaushub) samt Aufladen oder Werfen II 9
Metermaß I 7
Mörtelmischverhältnisse II 34

— 59 —

Mortel, Weißkalk II 35
— Romanzement II 35
— Portlandzement II 35
— Verlangerter II 37
— Gips- II 38
— Lehm- II 38
— Chamotte- II 38

Ofen, Kachel, oder Eisen abtragen II 16
Ofenkapsel ausbrechen II 20
— versetzen II 47
Öffnungen: Türen, Fenster, Parapete II 27
— ausbrechen II 44
— zumauern II 44
— in einer Gipsdielenwand zumauern II 44

Patschok II 39
Perzentdivisor I 3
Portlandzementmortel per m³ II 25
Polzung der Fundamente II 11

Radabweiser versetzen II 47
Randsteine versetzen II 45
Rabitznetzstukkaturung II 40
Rasenabdeckung II 9
Rauminhalt runder Holzer I 53
— gebrauchlicher Kantholzer I 55
Rauchfangresche II 32
Regietabelle II 7
Riegelmauerwerk II 30
Renten- und Zinsenzinsrechnung I 1
Rollschar II 30
Romanzementmortel per m³ II 25
Rundeisentabelle fur Betonbewahrung I 56

Sparrendimensionen I 48
Spezifische Gewichte verschiedener Materialien I 29

Syphon versetzen II 50
Schachtdeckel versetzen II 47
Schalflache der Fundamentgrubenwande II 10
Scheinhakenstifte II 6
Schließeneisendimensionen I 40
Schließen versetzen II 46
Schnittholzdimensionen I 49
Schmiedeisensaulen versetzen II 46
Schuttmaterialmenge II 17
Schuttanschuttung, trockene II 11
Schuttabraumung II 17
Steinzeugkanalrohre versetzen II 50
Stiegenstufen, Eigengewicht I 22
— ausbrechen II 21
— versetzen II 45
Stukkaturung abschlagen II 19
— neu, einfach und doppelt II 39
— mit Gipsmortel II 40
— Bockel- II 40
— auf Rabitznetz II 40

Tabelle uber Dachstuhl-Holzstarke I 47
— — Fasson- und Walzeisen I 41
— — Kantholzdimensionen I 49
— — Kant- und Rundholzdimensionen I 50
— — Rundeisendimensionen fur Betonbewahrung I 56
— — Schnittholzdimensionen I 49
— — Sparrendimensionen I 48
— — Tramstarken I 46
— — Zinkblechstarken I 45
Tapeten abscheren II 20
Terranova-Unterputz II 39

Tischler- und Wagnerstifte II 5
Tragel versetzen II 49
Tramauflager ausstemmen II 49
Tram versetzen II 49
Transport von Mauerziegeln II 12
— — Weißkalk II 13
— — Romanzement II 13
— — Portlandzement II 13
— — Sand (per Waggon und Wagen) II 14
— — Hochofenschlacke II 14
— — Steinkohlenasche II 14
— — Bauholz II 15
— — Zement und Tonrohre II 15
Tragheitsmomente I 28
Tragertabellen fur I-Trager I 34
— — U-Trager I 38
Trager versetzen II 45
— ausbrechen II 21
Trametabelle I 46
Trottoirpflaster aus Granitwurfel aufreißen II 18
Tonfarbe abscheren II 20
Tonrohre II 15
Tur- und Torstock aus Stein ausbrechen II 21
Turstock versetzen II 48
Turoffnung ausbrechen II 44
— zumauern II 44

Umrechnungstabellen Alt-Wiener Maße I 8
Unterlagsplatten, Gewichte und versetzen II 45

Ventilation oder Kamintur versetzen II 47
Verfugen sichtbaren Mauerwerks II 30
Verlangerter Mortel II 37
Verfuhrung mit Schubkarren II 10

Vorerhebungen zur Kalkulationsgrundlage II 1
Verputzflachen bei verschiedenen Mauerstarken II 35
Verputz, grober per m² mit Weißkalkmortel, Romanzementmortel und Portlandzementmortel II 35

Wagner- und Tischlerstifte II 5
Wasserwandel oder Bratrohre versetzen II 47
Waschkuchenherd aufmauern II 43
Weißkalkmortel per m³ II 24
Weißigung abscheren II 20
— Neuherstellung II 39

Zementrohre II 15
Ziegeldimensionen und Gewichte II 12
Ziegel, 100 Stuck reinigen und aufschlichten II 17
Ziegelformat, deutsches II 26
Ziegelmauerwerk in Weißkalkmortel II 26
— — Romanzementmortel I 26
— — Portlandzementmortel II 26
Ziegelgewolbemauerwerk II 28
Ziegelwand aus stehenden Ziegeln II 31
Ziegelpflaster aufbrechen II 18
— neues liegendes, stehendes II 33
Zimmerheizofen abtragen II 16
Zinkblechstarken I 45
Zinseszins von 100 Schilling I 2
Zinseszins- und Rentenrechnung I 1
Zufallige Belastung I 18
Zulassige Beanspruchung des Baugrundes I 18

Manzsche Buchdruckerei, Wien

KACHLERPLATTEN

zur Trockenlegung feuchter Mauern durch selbsttätige Luftspülung (System Baumeister F. Kachler) sind jedem Baufachmann bekannt

Gegründe 1898  25 Jahre Erfahrung

Gutachten, Prospekte, Muster, Prüfungszeugnis und allfälliger Besuch kostenlos und unverbindlich

FELIX KACHLER
Wien, VI., Webgasse 6 / Fernsprecher 600

KALKGEWERKSCHAFT IN STOCKERAU

AKTIENGESELLSCHAFT

Verkaufsbüro d. Kalkgewerkschaften Bad Ischl, Nikolsburg, Stockerau u. Theben-Neudorf (Dévinská Nová Ves)

Wien I, Walfischgasse 10

◆

Liefert

Prima Weiß-Stückkalk, Kalkhydrat (Sackkalk), Kalksteinmehl, Kalksteine, Bruchsteine, Schotter, Riesel, Terrazzokörnungen und Marmormehl

Verkaufsbüro Tel. Nr. 77-2-63 / Lager Nordbahnhof Tel. Nr. 41-3-12

Maschinen-Geräusche
und
Erschütterungen
beseitigt

Allererste Referenzen und Ausführungen des In- u. Auslandes. Langjährige Erfahrungen. Prospekte und Auskunft durch

Gesellschaft für Beseitigung von Erschütterungen und Geräuschen
GENEST & STÖSSEL
G. M. B. H.
Wien, XVIII., Währingerstr. 123

Telephon: 23-1-25
Telegr.-Adr. Geneststossel Wien

Verlag von Julius Springer in Wien I

Das Konservieren der Baumaterialien sowie der alten und neuen Bauwerke und Monumente. Von Architekt **F. W. Fröde**. Mit 108 Abbildungen. (496 S.) 1910. Technische Praxis. Band V.
4,80 Schilling, 3 Reichsmark

Verwitterung in der Natur und an Bauwerken. Für Bau-, Kultur- und Erhaltungsingenieure, Architekten, Baumeister, Gewerbetreibende, Beton- und andere Betriebe und Verwaltungen, Werkstätten sowie politische Behörden und Verwaltungen. Von Professor Ing. **Vinzenz Pollak**. Mit 120 Abbildungen und einer Tafel. (580 S.) 1923 Technische Praxis. Band XXX.
7,20 Schilling, 4,50 Reichsmark

Leitfaden für Straßenbau und Straßenerhaltung. Ein Hilfsbuch für Gemeinde- und Bezirksorgane, für Landesbeamte, Straßenmeister und Straßenwarter. Von Ing. **Norbert Sille**. Teplitz-Schonau. Mit 43 Abbildungen. (174 S.) 1917. Technische Praxis. Band XX.
2,40 Schilling, 1,50 Reichsmark

Grundzüge der Gesteinsbohrtechnik. Handbuch für Bergwerks- und Steinbruchbesitzer, Bauunternehmer, Eisenbahn- und Straßenbauer, Maschinen- und Bergingenieure. Von Dipl.-Ing **Desiderius Ernyei**. Mit 77 Abbildungen (206 S.) 1919 Technische Praxis. Band XXV
3,20 Schilling, 2 Reichsmark

Baupolitik als Wissenschaft. Von Dr **Karl H. Brunner** (80 S.) 1925. 4,80 Schilling, 2,85 Reichsmark

Siedlung und Kleingarten. Von Regierungsrat a. D. **Dr. Hans Kampffmeyer**, Vorstand des Siedlungsamtes der Gemeinde Wien. Mit 100 Abbildungen im Text (162 S.) 1926.
6,80 Schilling, 4,20 Reichsmark

**Keine feuchten Wände,
keine nassen Keller mehr!**

Durch

›RABIT‹

österr. Patent

Prämiiert mit dem
STAATS-EHRENDIPLOM
des Bundesministeriums für Handel und Verkehr 1926

**Rabitfabrik F. Raab,
Wien XIV/2,
Avedikstraße 23**
Fernsprecher Nr. 30-309

Unentbehrlich
für jede Baukanzlei sind unsere

Rechenautomaten

Sie vergeuden Geld u. Nerven, wenn Sie Ihre Kostenvoranschläge, Lohnlisten usw. bloß durch Kopfrechnen erledigen

/ Verlangen Sie kostenlose /
Offerte oder Vorführung vom

Rechenmaschinenwerk „Austria"

Herzstark & Co.

Wien XIII, Linke Wienzeile 274
Telephon 80-1-43

Verlag von Julius Springer in Wien I

Holz im Hochbau

Ein neuzeitliches Hilfsbuch für den Entwurf, die Berechnung und Ausführung zimmermanns- und ingenieurmäßiger Holzwerke im Hochbau

Von **Ing. Hugo Bronneck**

Behördl autor Zivilingenieur fur das Bauwesen

Mit 415 Abbildungen, zahlreichen Tafeln und Zahlenbeispielen. XV, 388 Seiten. Format: 23,5 : 15,5
In Leinen gebunden 37,80 Schilling, 22,20 Reichsmark

Aus den Besprechungen:

... Es sind in einem Sammelwerke, wie das vorliegende, außer den theoretischen Untersuchungen auch die rein handwerklichen Zimmermannsarbeiten zu erortern, da ohne die genaue Sachkenntnis dieser die Ingenieurbauten in Holz nicht auszufuhren sind Darin liegt aber auch die Schwierigkeit des Versuches eines den neuzeitlichen Hochbau als einheitliches Ganzes umfassenden Werkes, welches auf den praktischen Erfahrungen im Holzbau unserer Altvordern und auf den Ergebnissen wissenschaftlichen Denkens fußt Dieser Versuch ist vollkommen gelungen. Die große Sachkenntnis des Verfassers, die Beherrschung der in einer Reihe von Sonderwerken und der in den verschiedensten Fachzeitschriften veroffentlichten Abhandlungen, vereinigt mit den zahlreichen Hinweisen auf praktische Erfahrungen, der Beigabe von Tabellen und durchgerechneter Beispiele und von beh. Bauvorschriften uber den Holzbau, stempeln dies Werk zu einem vortrefflichen Fuhrer und Ratgeber in allen Fragen des Entwurfes, der Ausfuhrung und Bauuberwachung ... *Deutsche Baumeister-Zeitung, Folge 18, 1927*

Das Veranschlagen der Zimmererarbeiten

und ihre technisch-kaufmännischen Grundlagen. Ein neuzeitliches Hilfsbuch für die Ermittlung und Prüfung angemessener Angebotpreise. Von **Ing. Hugo Bronneck**, behördl. autor. Zivilingenieur für das Bauwesen Mit zahlreichen Tabellen, Abbildungen und Zahlenbeispielen aus der Praxis. 104 Seiten.

Erscheint Mai 1927

Das Buch bringt zahlreiche Beispiele aus der Praxis, die unmittelbar als Vorlage fur Ausschreibungen verwendet werden konnen, und berucksichtigt samtliche Arbeiten des Zimmermanns. Die kaufmannischen Grundlagen des richtigen Kalkulierens werden allgemein verstandlich dargestellt. Somit wird das Buch nicht nur eine Notwendigkeit fur jeden Zimmerermeister, sondern auch fur jeden Baumeister, Ingenieur und Architekten

Stadtbaumeister

JOSEF PROKOSCH

*Spezialunternehmung
für Beton- u. Eisenbetonbau, Wasserkraft-
anlagen, Handel mit Baumaterialien
Kunststeinerzeugung*

Baden, Wienerstraße 42

Telephon 277

**LICHTPAUSE-
UND PLANDRUCKANSTALT**

LIEPOLT & FALLY

**WIEN VII, STIFTGASSE 21
TELEPHON 35428**

★

ALLE ARTEN ZEICHNUNGEN WERDEN MASZSTÄB-
LICH GENAU, EIN- UND MEHRFÄRBIG, PROMPT
UND SAUBER GEDRUCKT. RIESENFORMAT 120×170

TECHNISCHE PAPIERE ZU FABRIKSPREISEN

MUSTERBUCH KOSTENLOS

Verlag von Julius Springer in Wien I

Taschenbuch für Ingenieure und Architekten

Unter Mitwirkung von Prof. Dr. **H. Baudisch**-Wien, Ingenieur Dr. **Fr. Bleich**-Wien, Prof. Dr. **Alfred Haerpfer**-Prag, Dozent Dr. **L. Huber**-Wien, Prof. Dr. **P. Kresnik**-Brünn, Prof. Dr. h. c. **J. Melan**-Prag, Prof. Dr. **F. Steiner**-Wien

Herausgegeben von

Ing. Dr. **Fr. Bleich** und Prof. Dr. h. c. **J. Melan**

Mit 634 Abbildungen im Text und auf einer Tafel. 715 Seiten. 1926.
Format: 20,3 : 12,5 cm

In Ganzleinen gebunden 38 Schilling, 22,50 Reichsmark

Aus den Besprechungen:

Endlich ein österreichisches Taschenbuch, das dem Praktiker alles, was der Bauingenieur, Architekt, Baumeister und Bautechniker an wichtigstem Wissensstoff, vor allem an Tabellenmaterial, Formeln, Regeln und Bauvorschriften beim Entwurf in der Kanzlei und an der Baustelle benötigt, in gedrangter, aber lückenloser Form, übersichtlich geordnet, darbietet. Dadurch dürfte dieses Taschenbuch, dessen Erscheinen wir mit Genugtuung begrüßen, zum unentbehrlichen Rüstzeuge für jeden Baufachmann werden, dem es nicht nur als Nachschlagewerk, sondern auch als Lehrbehelf bald unentbehrlich werden dürfte. Dieses Taschenbuch bearbeitet nachstehende Fächer: Mathematik, Mechanik fester und flüssiger Körper, Wärmemechanik und Mechanik der Gase, Elastizitäts- und Festigkeitslehre, Baustatik einschließlich Erddruck, Vermessungskunde, Baustoffe, Eisenbetonbau, Erd- und Felsarbeiten, Gründungen, Hochbau, Brückenbau, Wasserbau, Straßen- und Wegebau, Eisenbahnbau, Maschinenbau und Elektrotechnik. Die Abschnitte „Baustoffe", „Eisenbetonbau" und „Hochbau" bringen alle Zahlenangaben, Berechnungsverfahren und Berechnungsbehelfe, die Baumeister, Ingenieure und Architekten stündlich beim Entwurfe benötigen. Der praktische Teil dieses Buches ist noch durch einen kurzen Abschnitt „Maschinenbau" ergänzt, der vornehmlich in Form von Zahlentafeln alles das enthält, was für den Bauingenieur auf diesem Fachgebiete an Wissenswertem in Betracht kommt. Den Schluß bildet ein Abschnitt „Elektrotechnik", der in einer etwas ausführlicheren Weise, als bisher in den für das Bauwesen bestimmten Taschenbüchern üblich war, das Notwendigste aus diesem umfangreichen Fachgebiete bringt . . .

Österreichische Bauzeitung, Nr. 28, 10. VII. 1926

Verkaufsgenossenschaft
niederösterreichischer
Kalkwerke

reg. Gen. m. b. H.

Wien, I., Plankengasse 6

Telephon 71-1-13, 78-2-51

Girokonto bei der Öst. Nationalbank P.S.K. Co. 3713
Drahtanschrift: Kalkkontor

Prima Weißkalk nach sämtl. Stationen in jeder Menge sofort lieferbar. Fuhrenweise Zustellung nach allen Wiener Bezirken und in die Provinz. Erstklassiger gelöschter Kalk.

Werke:

Adolf Baxa, Wien-Simmering-Mannersdorf
Alex. A. Curti, Winzendorf
Bauunternehmung Franz u. Emil Hollitzer,
Deutsch-Altenburg
Kalkwerk Mannersdorf Robert Hauser, Mannersdorf
Theodor Quidenus, Gumpoldskirchen
Josef Schwendenwein, Erlach
Wopfinger Stein- und Kalkwerke
Em. u. Jac. Sobek,
Wopfing

Verlag von Julius Springer in Wien I

Material- und Zeitaufwand bei Bauarbeiten

Tabellen zur Ermittlung der Kosten von Erd-, Maurer-, Putz-, Estrich- und Fliesen-, Asphalt-, Dichtungs- (Isolierungs-), Beton- und Eisenbeton-, Zimmerer-, Dachdecker-, Spengler- (Klempner-), Tischler- (Schreiner-), Beschlag-, Glaser-, Maler-, Anstreicher-, Klebe-, Hafner- (Ofen- und Herdsetzer-), Entwässerungs-, Brunnenmacher-Arbeiten

Von

Arnold Ilkow
Zivilingenieur für das Bauwesen und Baumeister

Dritte, verbesserte u. um 23 Tabellen vermehrte Auflage

132 Tabellen auf 72 Seiten. Erscheint Mai 1927

Preis etwa S 8,—, RM 4,80

Nach knapp 11 Monaten muß das vorliegende Tabellenwerk bereits in dritter Auflage erscheinen, ein Beweis, wie ausgezeichnet es das Bedürfnis der Baufachwelt nach einer ständig gültigen Kalkulationsunterlage für die rasche Aufstellung aller Arten von Kostenvoranschlägen zu befriedigen versteht.
Der Umfang der neuen Auflage wurde durch Einbeziehung der Abschnitte über Klebe- und Brunnenarbeiten sowie durch den Ausbau aller Abschnitte der früheren Auflagen erweitert und vergrößert. Die Zeitangaben wurden zum Teil den geänderten Verhältnissen entsprechend herabgesetzt. Einzelne Tabellen wurden der Deutlichkeit wegen vollständig umgearbeitet. Die angegebenen Ziffern für Arbeitszeiten, Baustoffmengen und Arbeitsleistungen sind Mittelwerte. Der Satz der Tabellen und die Beigabe von leeren Blättern ermöglichen dem Benützer die Eintragung abweichender Ziffern und die Anlage eines Kalkulationsbuches auf Grund der eigenen Erfahrung.

SYSTEM KNAPEN
Rationelle Trockenlegung und Assanierung von Bauten

Stark feuchte
Innenräume, Souterrains etc.
werden durch dieses System unter
Anwendung von **ERO-PLATTEN** mit konstanter
Luftzirkulation sofort
benützbar

M. Rossipaul, Zeller-Schömig & Cº
Architekt und Baumeister
Wien, VI., Theobaldgasse 8 / Telephon 92-48

POSNANSKY & STRELITZ
ZENTRALE: WIEN, I., NIBELUNGENGASSE 8
Fabriken: Wien-Floridsdorf, Witkowitz in Mähren, Budapest-Pesterzsébet
ASPHALT- UND DACHPAPPENFABRIKEN

PERMANIT teerfreies, geruchloses Dacheindeckungsmaterial
HOLZZEMENTDÄCHER / PRESSKIESDÄCHER
Asphaltierungen / Isolierungen
KORKSTEINPLATTEN
SOLAN vorzüglicher, hygienischer Fußbodenbelag

Verlag von Julius Springer in Wien I

Der Zimmerermeister
Ein bautechnisches Konstruktionswerk, enthaltend die gesamten Zimmerungen

Von Professor **Andreas Baudouin**
Stadtzimmerermeister, Wien

Zweite, ergänzte und verbesserte Auflage. 1926
Zwei Mappen im Format 36 × 50 cm mit zusammen 171 Tafeln
Preis jeder Mappe 96 Schilling, 57 Reichsmark
Das Werk wird nur komplett abgegeben

.... Zwei stattliche Mappen mit insgesamt 171 Tafeln von zirka 35 auf 50 cm Blattgröße veranschaulichen die Zimmermannskunst von ihren grundlegenden Elementen bis zu den neuesten Konstruktionen, alles so kunstgerecht und ausführlich dargestellt, daß dieses Bilderwerk ohne Text wie kein anderes geeignet ist, die ganze Zimmermannskunst zu rekapitulieren und sich die ältesten wie die neuesten Techniken des Holzbaues zu eigen zu machen! Der ausubende Zimmerermeister insbesondere wird durch systematisch entwickelte zeitgemäße Vorbilder angeregt, seine Tätigkeit fachlich zu stärken! Alle diese Darstellungen sind klar und korrekt durchgezeichnet, enthalten genaue Maße, Holzstärken usw., so daß dieselben für jeden Zimmermeister, aber auch für jeden Baugewerbetreibenden ein empfehlenswertes Hilfsmittel für die Erweiterung seiner Fachkenntnisse und damit seiner Konkurrenzfähigkeit werden ....

(„Hoch- und Tiefbau", Zürich, 25. Jahrgang, Nr 51)

.... Baudouin hat alles zusammengetragen, was dem Zimmerermeister auszuführen möglich ist, denn es ist kein Arbeitsgebiet unberücksichtigt geblieben. Alle Vorbilder sind mustergültig, so daß das Tafelwerk für den ratsuchenden Fachmann eine zuverlassige Quelle und ein sicherer Berater ist. Es sollte daher kein Baugewerbetreibender, der im wirtschaftlichen Kampfe auch sein Wissen in die Wagschale werfen will, versäumen, das Konstruktionswerk sich anzuschaffen und es zu studieren. In den Fachorganisationen und Genossenschaftsbibliotheken sollte es einen Ehrenplatz einnehmen, denn das Baudouinsche Werk ist mehr als eine bedeutende Literaturerscheinung, es ist eine **würdige, kraftvolle Äußerung des im Baugewerbe liegenden gesunden Prinzips werkgerechten Denkens und Handelns.**

(„Osterreichische Bauzeitung", 2 Jahrgang, Nr. 16)

AUFZÜGEFABRIK
FREISSLER
Gesellschaft m. b. H.

Wien X   Budapest VI
Erlachplatz 3   Horn Ede=u. 4

AUFZÜGE
Laufkrane, Spills, Transportwagen

Gegründet **1868**   **11.000** Anlagen

Ernstbrunner
Kalk- und Schotterwerke
Aktiengesellschaft
Ernstbrunn / Niederösterreich

Telephon Nummer 20

★

*Weißkalk, Dungkalk, Gebirgs-
schotter, Riesel- und
Makadamsand*

Verkaufsbüro für Wien: I, Krugerstr. 16. Tel. 71-2-35

BAUT MIT FLURESIT

FLURESIT
BETON- UND MÖRTELZUSATZ

beseitigt und verhindert Bauschäden jeder Art
Isoliert, dichtet, immunisiert und härtet

☆

Österreichische Fluresit-Gesellschaft m. b. H.
Wien, X., Favoritenstraße 213
Fernsprecher: 59-5-24

MIX
Papier aus verantwortungsvollen Quellen
Paper from responsible sources
FSC® C105338

If you have any concerns about our products,
you can contact us on
ProductSafety@springernature.com

In case Publisher is established outside the EU,
the EU authorized representative is:
**Springer Nature Customer Service Center GmbH
Europaplatz 3, 69115 Heidelberg, Germany**

Printed by Libri Plureos GmbH
in Hamburg, Germany